“十三五”国家重点图书、音像、电子出版物出版规划项目

乡土舍迹

陕西民居

丝绸之路起点上的非遗文化

主编　王宝强

本册主编　吴昊

编者　陈沙沙　降波　毛晨悦　张晨　曹培

陕西新华出版传媒集团
陕西人民教育出版社

·西安·

图书在版编目(CIP)数据

乡土舍迹：陕西民居 / 吴昊本册主编. -- 西安：
陕西人民教育出版社, 2020.11
(丝绸之路起点上的非遗文化 / 王宝强主编)
ISBN 978-7-5450-7285-3

Ⅰ. ①乡… Ⅱ. ①吴… Ⅲ. ①民居-研究-陕西
Ⅳ. ①TU241.5

中国版本图书馆 CIP 数据核字(2020)第 023087 号

丝绸之路起点上的非遗文化

SICHOUZHILU QIDIAN SHANG DE FEIYI WENHUA

乡土舍迹——陕西民居

XIANGTU SHEJI SHANXI MINJU

王宝强 主编

出版发行	陕西新华出版传媒集团 陕西人民教育出版社
地　　址	西安市丈八五路 58 号
经　　销	各地新华书店
印　　刷	西安创维印务有限公司
开　　本	787 mm × 1092 mm　1/16
印　　张	13.75
字　　数	260 千字
版　　次	2020 年 11 月第 1 版
印　　次	2020 年 11 月第 1 次印刷
书　　号	ISBN 978-7-5450-7285-3
定　　价	48.00元

序　言

己亥年这冬日阳光依旧如昨的好，仿佛它不曾经过一夜寒冻。我想，是光，就没有什么力量能阻挡它的光芒灿烂。恰如这源远流长的中国文化长河，即便是在冰封千里之季，也依旧是碧波荡漾，风光宜人。

在连续忍受多日嗓子"失声"之虐的腊月里，收到王宝强君寄来他主编的《丝绸之路起点上的非遗文化》丛书，随之一天天、一步步地走进了陕西那一方乡土之中。在逐一越过《乡土舍迹——陕西民居》《石刻史话——陕西民间石雕艺术》《写意脸谱——陕西社火与脸谱艺术》《织绣丝语——陕西布艺》《影迹故事——陕西皮影》《喜庆年画——陕西民间年画》这三秦大地上族群乡土文化的山峰之后，我心旷神怡，心灵的疲倦似乎也被艺术治愈。

说到"非遗文化"对于民众的意义，还不仅仅是一个"艺术治疗"价值所能代表的。早年在欧美大地上民众普遍要在礼拜日到教堂去吟唱赞美诗并接受牧师的布道，如果说这是一种文化普及和民众教化的活动，那么，在中国古老的土地上，散布在民众生活方方面面的各种民间艺术所发挥的作用，就类如传教布道式的大众教化活动，而且比"做礼拜"获得的是更广泛、更深入、更接地气的滋养。虽然，将中西这两种民众生活方式加以比较言说，不一定妥帖。但是，我还是在想，如果欧美民众没有基督教文化日复一日的洗礼，中国广大民众没有民间艺术文化的滋养，如今中西方民众主体性格和社会生活会是什么样的"蛮荒"状态！美国作家哈珀·李在《杀死一只知更鸟》中写道："塞克斯牧师更加灵活自由地利用他的讲道坛来表达他对某些人自甘堕落的不满：吉姆·哈迪已经有五个星期没有来教堂了，康斯坦斯·杰克逊最好注意一下自己的言行举止——她总是跟邻居吵嘴，处境很不妙，她是黑人区有史以来第一个为了刁难邻居而竖起尖刺栅栏的人。"中国艺术思想家、"民艺学"的开创者、中国艺术学教育之父张道一先生在其著作《乡土玩具——人之初的艺术》中就说道："中国数千年来的乡土玩具是人之初的艺术。所谓'家庭教育'和'学前教育'，就是在最初的若干年于游戏和玩具中受到文化的启蒙。故也有人说，玩具是儿童成长的教科书。……它不但是中华民族文化的一部分，而且是不可缺少的部分。……不难看出，民族传统艺术的种子，播撒在童稚的心田里，所开的花具有乡土的芬芳，所结的果散发着爱家爱国之情。乡土玩具虽小，发挥的热能却大，在人的一生中是不可或缺的重要部分。……乡土玩具体现着一种民族进取的精神，充满孩子的求知欲，也顺应着他们的心理，使其愉快成长。"在中华大地上，何止只有乡土玩具呢？作者在《写意脸谱——陕西社火与脸谱艺术》中也说："传统社火表现的内容多是驱邪、祈福和教化，并成为一代一代人集体的记忆，薪火相传。"所以，充分体现"非遗文化"的民间艺术，不仅源于族群社会的民众之中，也年复一年哺育滋养着一代代的大众。

中国传统的历史书所反映和记载的主要是国家、皇室和政府三者的事件和意义，而对大众民间和个体老百姓的事则无专门的文献记载。即便有，也多散布在零散杂记之中，不成系统。由此，可以更进一步地思考由民间艺术组成的中国"非遗文化"存在的另一个当代价值——生成中国"百姓历史学"。仅从王宝强主编的这六卷本所言，似乎可以窥见"陕西百姓历史学"的雏形及其生动的内涵。

如果有了中国"百姓历史学"的立场和更高远的研究视点，无疑会更加助力对包括陕西在内的整个中国"非遗文化"及其民间艺术的整合与深入研究，主动将"非遗文化"及其民间艺术中内含的族群文化基因，产生有趣的、有学理的、有温度的新文化生命形式，形成我们于新时代所希望和匹配的文明形态。其实，每个族群都有理由，也有必须的责任来梳理和知道自己文化之源流、价值、意义、得失、取舍和未来之力。中华文化是一根由复数性文化因子构成的绵长价值模式链条，其间的每一颗珠子和环节都是不可缺失的，陕西文化就是中华文化链条上的一颗永远闪耀着光辉的大宝珠。

研究与"物质文化"相对的"非遗文化"，重在探知可见、可触、可用之背后存在的心理、程序、关系和意义，只是这些内涵是以暗含、潜藏、不可见的方式存在着。随着时间的流逝，造物与运用的存在"现场感"也消逝了，尤其是观念、环境、关系、生活方式等发生根本性的变化之后，原有的"心理、程序、关系和意义"之河断流了，要想再清晰地瞭望、感知和认识存在的"真相”，的确是增加了难度。这个时候，是需要一些人、一批批的有志者，执着去追根索源、探寻编码，衔接那属于自己族群的不可或缺的生活历史、造物情怀。有鉴于此，更加觉得宝强君选定对这个书系进行研究、深入田野、系统撰述，实属不易，意义深远。

坦诚地说，我欣赏这套丛书的学术站位、眼界、用心和勤奋。综观洋洋洒洒的全套书系，充分体现了作者团队治学的严谨、主题守候的深入和对自己生长于斯的热爱与熟悉，也使得整个著述的“作品感”“学术味”“可读性”“温度感”和“亲和力”如和煦春风，清新温润。由此自然形成了本丛书的五个鲜明的特色，也证明了作者在主动自适性交代族群生活视点与意义上的学术价值。

首先，书系有较强的整全性。六卷本作品，几乎涵盖了族群社会生活的全貌。从陕西的民居、石雕、社火、布艺，到陕西乡土的皮影、年画，统括性地反映、揭示和阐释了三秦各族群的居、做、穿、乐、理想与信仰的生活主轴。可谓把人存在的七大方式——信仰方式、生存方式、教育方式、生活方式、生产方式、发展方式、意义方式全部观照了，并对“文化区系类型学说”给予了实际的运用与实践阐释，让读者对陕西近万年来的文化历史谱系有了清晰了解、体系性认知和全景式深度理解。这对体系性和深入性勾陈、阐释与传播陕西族群社会艺术文化谱系与价值，都具有鲜明且不可替代的历史价值、文化价值和精神价值。“非遗文化”的研究，既带有历史研究的成分，又不等同于历史研究；既带有考证研究的因素，但又不等同于考古学的研究。研究“非遗文化”是要着力找到既有存在的“是”，又要系统性地挖掘其意义与价值。

其次，始终守候书系的本土性主题。作者基于对中国地理历史文化的纵横时空社会学内涵比较的基础上，始终把每一主题牢牢地根植于陕西这块土地上去言说，让读者每多读一页，多看一图，就往陕西乡土文化宝库之路又向前迈进了一步，认识深了一刻，感知强了一度。比如，我们读后才知道陕西有步社火、马社火，还了解到车社火、芯子社火、背社火、抬社火、高跷社火、山社火、把扎等血社火、地台社火、跑纸马社火，以及脸谱、石刻造像、布艺、年画等本土特色鲜明的内容，由此也就真正实现了作者的著述理想和出版愿望。

再次，主题著述建构的体系性强。书系每一册，在详尽的图文阐释中，都能让读者于其中既有整体感知，又有深度与系统的见闻和体悟。书系中的每一册都有专门的本土性艺术文化论题，所论既有主题之大视野的整全性观照，又有着力于主题思考逻辑的专深与程序性知识揭示的体系建构与阐释，从而提升了读者期望对一个个专题内容的深度认知和满足感。由此，也揭示和证明了作者所费心力的强度和深度。正因如此，让作为不是陕西人的读者，也能够在其中获得身临其境的专项呼吸感、认知力和自豪感。

再次，全套书系具有确知的解码性。整个书系立足于系统性揭示和阐释陕西的“非遗文化”密码，呈现了两个解码维度：一是对中华文化根源之解，二是对陕西族群文化含义之解。包括知识体系、历史体系和意义体系。比如：谈民居、谈社火、谈年画等主题，都不是孤立进行的。更关键的是，陕西这一块乡土，在中华整体的文化版图中，具有启、给、融、播、流的独特功能与意义。依据迄今最新的考古学资料，凡讲到中国的“村落生活”和民居，视点一下就转到了陕西的半坡遗址与姜寨遗址。这个在公元前5000年~公元前2000年出现的族群村落与造物生活，不仅“开”了中华文明之源、奠定了中华文明之根，也开启了陕西的文明之源。由于有陕西这个文明之源的开启，随着自身的不断发展和交往范围的扩大，它又向周边延展了，这就定义起了陕西文化“给”出的特征。比如：周礼、秦人统一文字、统一度量衡等都是一种给出的形态。陕西的地理历史也决定了它“融”的文化特质。融，即给出与吸收之吐纳生成主体文化的生长关系与性质。融，体现在陕西族群社会生活的方方面面。由于陕西开启了一系列的中华文明之源，依旧定义了陕西文化的“播”与“流”的根本特征内涵。因此，可以说凡对陕西族群历史、社会生活方式与意义发掘认识得越深入、越充分、越周全，也就越能提升读者对中华文明的认知水平。由此，也逻辑性地决定了本书系的历史、文化和学理价值。

最后，有守望族群文化生命的未来性。虽说研究“非遗文化”是做回首看的事情。但是，主体研究的注意力分配，却不应当忽视当下和未来，这一点也恰好体现在本套书系中。其间，每一个被言说的主题，都传达了展望未来、惠及当下、建构未来的信息。重要的是一些针对性强的具体认知和建议，不仅体现了作者的成熟思考，也是有益且切实可行的。期待陕西真正在全面梳理中华传统文化、革命文化、社会文化等方面做出保护、传承和建构的示范性表率作用。“非遗文化”的走向，至少有五大基本任务：清楚主体历史、获得知识权力、生成多维体系权力、形成自适幸福生活方式和哲学体系与价值系统，以及更新存在意义。无论是研究“非遗文化”，还是传承性保护“非遗文化”，关键是要找到彼此关联性的接口。有了现实的、未来的、有意义的接口，开展相关系列性的工作就有了保障性的方向和方法。因此，未来性视点与观念，的确是讨论“非遗文化”不可缺失的立场与方法。

做学术，要有主体志向、个人良心、主体敏觉判断力、独立建构生成量、个体成型意义程度。五者合力俱之，才可谓真正履行了个体的学术职责，方可称为学术人。反之，则不可谓也。由此准则衡量之，而今，读者手中的这套《丝绸之路起点上的非遗文化》丛书，可谓是一个学术人之价值的充分体现。

中国之大，不仅是由宽广的土地和辽阔的海洋决定的大，关键还是由中国各族群社会贡献的智慧思想和辛勤创造的丰富多彩的乡土文化建构的“大”。我真诚地祈愿中华民族永远在自我文化创建和文明繁荣与永续承传丰富中更加强大。而整全性、深入性研究好了陕西文化——包括物质文化和非物质文化，将是又多了一条进一步认知和建构中国文化发展史、中国生活方式演进模式的道路。

真心希望有更多的人，能够读到这套富有族群社会艺术文化含金量的著作。

梁　玖

2020 年 1 月 17 日于北京

前　言

随着全球化和信息化时代的到来，世界文化交流更加频繁，各国的文化互渗和相互影响已成为大趋势，有些民族文化甚至正面临着被外来文化同化与异化消解的危险。2001 年 11 月 2 日，联合国教科文组织在巴黎召开的第 31 届会议上通过了《世界文化多样性宣言》，其中第一条就明确指出："文化在不同的时代和不同的地方具有各种不同的表现形式。这种多样性的具体表现是构成人类的各群体和各社会的特性所具有的独特性和多元化。文化多样性是交流、革新和创作的源泉，对人类来讲就像生物多样性对维持生物平衡那样必不可少。从这个意义上讲，文化多样性是人类的共同遗产。"世界的可持续发展，需要保持文化的多样性，而非物质文化遗产的重要性，就在于它是"文化多样性"的熔炉，又是可持续发展的保证。

那么，什么是"非物质文化遗产"？联合国教科文组织在《保护非物质文化遗产公约》中定义是："指被各社区、群体，有时是个人，视为其文化遗产组成部分的各种社会实践、观念表述、表现形式、知识、技能以及相关的工具、实物、手工艺品和文化场所。这种非物质文化遗产世代相传，在各社区和群体适应周围环境以及与自然和历史的互动中，被不断地再创造，为这些社区和群体提供认同感和持续感，从而增强对文化多样性和人类创造力的尊重。"也就是说，非物质文化遗产是活态化的文化存在，蕴含着一个民族、一个群体的文化基因，是族群民众创造的世代相传、积淀深厚的文化信仰。因此，保护和传承非物质文化遗产，就是保护和传承民族的文化基因，这对促进民族优秀传统文化的传承和发展、维护世界文化多样性都具有重要意义。

我国自 2004 年正式加入《保护非物质文化遗产公约》以来，高度重视非物质文化遗产保护工作，不断推进非物质文化遗产的立法进程，并开展了卓有成效的保护工作。2005 年 3 月，国务院颁布《关于加强我国非物质文化遗产保护工作的意见》，明确指出非物质文化遗产保护工作的意义、工作目标和指导方针，并要求建立国家及省、市、县级非物质文化遗产保护制度。从2006年开始，国务院先后公布了四批国家级非物质文化遗产代表性项目名录。这是我国履行《保护非物质文化遗产公约》缔约国义务的必要举措，也是对保护对象予以确认，以便集中有限资源，对体现中华民族优秀传统文化具有历史、文学、艺术、科学价值的非物质文化遗产项目进行重点保护的重要基础性工作之一。2011年《中华人民共和国非物质文化遗产法》颁布，进一步明确了我国非物质文化遗产认定和保护的相关规定和要求，为保护非物质文化遗产提供了法律依据。2015年，党的十八届五中全会提出了“构建中华优秀传统文化传承体系，加强文化遗产保护，振兴传统工艺”的战略要求。2017年1月，中共中央办公厅、国务院办公厅发布《关于实施中华优秀传统文化传承发展工程的意见》，为中华优秀传统文化传承发展指明了方向，并明确提出“实施非物质文化遗产传承发展工程，进一步完善非物质文化遗产保护制度。实施传统工艺振兴计划”的重点工作任务，为贯彻落实党中央、国务院的战略部署，文化部、工业和信息化部、财政部制定了《中国传统工艺振兴计划》，进一步强调要以国家级非物质文化遗产代表性项目名录为基础，建立国家传统工艺振兴目录，并予以重点支持；同时，要扩大非物质文化遗产传承人队伍，形成合理梯队。截至目前，国务院先后命名了五批国家级非物质文化遗产代表性项目代表性传承人，共计3068人。国家级非物质文化遗产生产性保护示范基地100个。列入联合国教科文组织非物质文化遗产名录（名册）项目40项。这一系列举措和成果表明，我国非物质文化遗产保护工作已进入一个新的历史发展阶段，加强我国非物质文化遗产保护，促进中华民族优秀传统文化传承与发展，已成为时代主题。基于这个大背景，我们编撰这套《丝绸之路起点上的非遗文化》丛书，其主旨是通过对陕西非物质文化遗产中具有代表性的种类进行收集、整理和研究，探寻陕西地域文化的独特魅力及其与民族优秀传统文化的关系，从而激发全社会对中华优秀传统文化的热爱和珍视之情，促进民族优秀传统文化的保护、传承与发展。

陕西作为中华民族和华夏文明重要的发祥地之一，拥有灿烂辉煌而又古老悠久的历史文化，文化遗产积淀丰厚，在古代丝绸之路和中西文化交流发展史上都占有重要地位。以半坡、姜寨、北首岭为代表的仰韶文化遗存，反映了中华远古先民在农业、畜牧业、手工业、渔业以及初具雏形的文字、绘画、雕塑等方面的文明程度。作为中华民族的始祖炎、黄二帝，曾带领部族崛起于渭水中游的关中地区和陕北高原，陕西皇帝陵已成为全世界华人共有的民族精神家园。陕西西安是十三朝古都，中国历史上最辉煌的周、秦、汉、唐几个王朝，均建都于陕西。可以说，“无论是周的礼乐文明，秦汉的制度文化，还是唐帝国博大开放的气势、诗园艺苑的风韵，皆出自陕西而传之全国，从而成就了令世人引以为自豪的盛世辉煌。”

尤其是以西域“凿空”为标志，丝绸之路沟通了东西两大文明。西汉时期汉武帝派张骞出使西域，从长安出发一路向西开通了一条经济贸易和文化交流的通道——“丝绸之路”。在经由这条路线进行的贸易中，中国输出的商品以丝绸最具代表性。因此，19世纪下半叶，德国地理学家李希霍芬将这条陆上交通路线称为“丝绸之路”，此后中外史学家都赞成此说，沿用至今。可以说，以长安为中心的陕西关中一带，在唐代已成为中外文化交融的圣地。如今在我国倡导的“一带一路”倡议背景下，陕西越来越彰显出它厚重的历史文化底蕴和文化魅力。2014年6月22日，中国、哈萨克斯坦、吉尔吉斯斯坦三国联合申报的陆上丝绸之路的东段“丝绸之路：长安—天山廊道的路网”成功申报为世界文化遗产，成为首例跨国合作而成功申遗的项目。由此表明，作为“丝绸之路”起点的西安及关中地区乃至整个陕西，在“一带一路”倡议大背景下，必将成为传播中华优秀传统文化、促进中西现代文化交流的重镇和文化高地。也正因如此，我们对陕西非物质文化遗产资源进行发掘、整理与研究，既是时代使然，也是我们生长于斯的学者们的职责所在。

《丝绸之路起点上的非遗文化》丛书的编写宗旨是，立足丝绸之路起点——陕西关中地区，辐射陕南和陕北，以陕西非物质文化遗产中具有代表性的民间艺术（民居、年画、皮影、石雕、布艺、社火）为研究对象，从历史文化学、民俗学、社会学和艺术学的角度，梳理陕西历史文化与中华民族文化以及地域民间民俗文化的渊源，探寻陕西非遗文化与民间艺术的形态特征和文化内涵，引导大众认识和理解陕西地域传统非遗文化在当代的价值及意义，激发广大民众对民族民间优秀传统文化的珍视与热爱之情，从而促进我国非物质文化遗产的传承与发展。

丛书编写的基本原则：一是坚持以陕西历史文化与地域民俗文化相结合的

原则，对陕西民间艺术的文化精神、民俗风尚、思想观念、审美理想、价值理念、工匠精神等加以梳理和诠释，发掘民间艺术蕴含的核心价值观，充分发挥民间艺术在“美教化、厚人伦、移风俗”等方面的特殊作用；二是坚持系统性和代表性相结合，在广泛调查和整体把握的基础上，加强对陕西非物质文化遗产中具有代表性的民间艺术文化精神与思想内涵的挖掘和阐发，把强调民族民间传统文化价值观与突出地域文化特色、民族风格密切结合起来；三是坚持学术性与普及性相结合，以非遗保护和民间艺术、民俗文化研究成果为学术指导，加强对陕西非物质文化遗产的普及性宣传与民间艺术的经典呈现，并注重与时代发展相适应，以促进陕西非遗文化和传统民间艺术文化的创造性转化和创新性发展。

陕西是文化大省，历史文化和非遗文化积淀深厚，博大精深，民间艺术和民俗文化与广大人民群众的生活紧密联系，其中蕴含着最深沉的精神追求，包含着中华民族最根本的精神基因，印刻着中华民族独特的文化记忆，是中华民族独特的精神标识，是中华民族生生不息、发展壮大的丰厚滋养。千百年来，陕西非遗文化薪火相传，鲜明地表现着广大民众的精神向往、道德准则、价值取向和审美追求，充分彰显着广大劳动人民的智慧、气质、想象力和创造力。不论过去还是现在，都有其不可替代的价值。但同时也要看到，随着社会转型期的到来，社会生产和生活方式发生了深刻变化，城镇化带来的高速发展，使民间艺术赖以生存的土壤正在迅速流失，不少优秀民间艺术正在成为绝唱，更多的非遗文化资源业已消失。因此，抢救与保护散落在中华大地上各区域、各民族现存的不可再生的文化遗产，按照当代学术规范和学科准则，进行搜集、整理、研究、出版、推广，为促进民族优秀传统文化传承与发展提供精致文本和精彩样式，是广大非遗文化工作者的共同心愿与价值追求。

王宝强

2020 年 8 月 20 日

目录

第一章　追根溯源

陕西民居产生的背景

在各式各样的建筑类型当中，传统民居是最古老的建筑样式。中国现代丰富多彩的建筑样式里面，不管是民用类建筑，还是宗教类建筑、园林类建筑，都是从最古老的居住类建筑发展而来的。居住是建筑文化的本原意义。

所谓一方水土养一方人，不一样的水土也造就了多样的民居形式。不管是沟壑纵横的黄土高原，还是平坦辽阔的关中平原，或是山清水秀的秦巴山区，都滋生出了符合自身气质的民居样式，如冬暖夏凉的窑洞，半边盖的关中房子，还有石板房、吊脚楼等，这些民居样式是民居与自然和谐相处的呈现，寄托着人们对美好生活的追求与向往。

第一节 自然环境的异同

纵观陕西的地理特征，地域狭长，地势南北高、中间低，同时，地势由西向东倾斜的特点也很明显。陕西有高原、山地、平原和盆地等多种地形，南北长约870 km，东西宽200~500 km，北山和秦岭从北到南可以把陕西分为陕北高原、关中平原、秦巴山地三个地貌区。每一个地貌区都以它特有的地貌属性，形成了独特的美学特征。

一、沟壑纵横的陕北高原

在黄土高原的形成学说里面，最占据上风的是风成说。风成说认为，大量的黄土来自西北和蒙古高原，还有中亚地区的荒漠。狂风不断吹起那些被岁月侵蚀的碎石，将粉碎的沙粒和黏土向东南方向刮去，经过数万年的沉积、堆砌，形成了沟壑

陕北黄河边自然地貌与村落形态

纵横的黄土高原。陕北高原是中国黄土高原的主要组成部分，总面积约为 9 2521.4 km^2，约占陕西土地总面积的 45%。基本地貌类型是黄土塬、梁、峁、沟、塬。各种类型的地貌不但是人们劳作生息的载体，还具有很高的科学研究价值，其自身亦展现出独特的自然风貌与地理特征，充分体现出西北地区的土地类型及北方的高原特质，形成了一种以生态美、自然美及景观美为主的秀美山川。

构成陕北黄土高原地貌景观的基本要素是地貌体，而植被、水源和民俗民情等在不同的方面起着烘托作用。这里地貌的形态丰富，变化万千，不仅有馒头状的黄土峁、绵延数十公里的长梁，还有地平如镜的塬面。这些地貌的组合，勾勒出了沟壑纵横、丘陵起伏的黄土高原。由于黄土高原耕地面积小，建筑材料也十分短缺，因此，便于依山就势修建房屋。而节省建材、节约用地的建筑形式——窑洞，便成为当地最重要的民居形式。

陕北靖边红峁

陕北黄土高原属于温带大陆性季风气候，一年中随着盛行风向的季节性变化，气候的季节变化也十分明显，这也使黄土高原在不同的季节里，呈现出不同风格的景观。春季的黄土高原大地复苏，山花烂漫；夏季的黄土高原随着生态环境的恢复，变得郁郁葱葱，愈显勃勃生机；秋季的黄土高原，荒凉中又凸显出几分壮观、强悍之美；冬季的黄土高原风雪弥漫、银装素裹，点点窑洞、袅袅炊烟，呈现出一番淳朴的山野景象。这些都会给人们带来视觉上和心灵上的双重震撼。

黄土高原地域辽阔，河流众多，发源于黄土高原或流经黄土高原的较大河流就有 200 多条。黄河和众多支流与地貌的配合，给黄土高原带来了生机活力，并将文化和理念融入了黄土高原，给陕北旅游带来了契机。这里有延安、榆林等著名的城市，遗址众多，文物荟萃，特别是革命圣地延安，有着丰富的红色旅游资源。黄土高原独特的窑洞传承着世代的生活命脉，豪放传情的信天游表达着人们美好的愿望。此外，生活气息浓厚的民间剪纸艺术、粗犷奔放的鼓韵、具有当地特色的婚丧嫁娶民俗、每年正月十五的秧歌表演等，无不展现出浓郁的黄土文化风情。

二、平坦开阔的关中平原

关中平原位于陕西省中部，介于秦岭和渭北北山之间。行政区划包括西安市、铜川市、宝鸡市、咸阳市、渭南市、杨凌区五市一区，共 54 个县区。关中平原海拔为 325~800 m，南北宽窄不一，东部最宽达 100 km，形似“新月”，总面积约为 34 000 km^2。潘岳《关中记》载：“东自函关，西至陇关，二关之间，谓之关中。东西千余里。”关中地区以平原为主，土壤多为黄湿土、水稻土和潮土，雨量

铜川市石柱镇光明村鸟瞰图

充沛，农业发达，优越的自然地理条件给予了关中民居稳定的发展空间。关中地区夏季气候较为炎热干燥，因此民居内不需要太多日晒。为了能在一定程度上遮蔽炎热的阳光，同时也为了防止风沙的侵袭，关中民居形成了窄长、封闭的特点，即形成合院式民居。

铜川石柱镇光明村里，传统民居大多为合院式民居。整个村落位于一台塬上，周边曾经有碉堡城墙围合，现已破败。“就地取材，因地制宜”的思想也使得窑洞或窑洞与合院相结合的民居形式在关中较为常见。陕西省礼泉县下窑上房式民居的住户家里面都有一个用建筑围合成的中庭，用于采光，这也是关中较为特别的一种民居形式。

礼泉县烽火村下窑上房式民居

特定的地理、气候、人文、历史条件造就了关中民居体系鲜明的地域特征，比较著名的代表性宅院有三原县孟家店的周宅、泾阳县的安宅、旬邑县的唐家大院、西安市长安区的郭家大院和韩城城关的王宅等。

三、地形复杂的秦巴山地

陕南指陕西南部地区，东与河南省相连，西与甘肃省接壤，南与四川省、重庆市和湖北省毗邻，地形以山地、丘陵为主。陕南北靠秦岭、南倚巴山，汉江自西向东穿流而过，总面积约为74017 km^2，约占全省土地总面积的36%。

陕南大部分地区古代属于蜀国、巴国。《华阳国志·蜀志》记载：“其地东接于巴，南接于越，北与秦分，西奄峨嶓。地称天府，原曰华阳。故其精灵，则井络垂耀，江汉遵流。”在历史上曾经有许多次官府强制性的，或是民众为逃难、谋生等而进行的不同程度的移民活动，陕南地区作为连通南北的要塞，成为移民们定居的聚集地。因地理位置特殊以及多元文化的影响，当地建筑既不像陕北窑洞那样粗犷浑厚，也不像关中民居那样规整传统，而是一种含蓄清秀的风格。

陕南风光

由于地理位置的原因，陕南地区的传统民居混合了不同地域的建筑技术与形式，流传下来的有石头房、竹木房、吊脚楼、三合院及四合院等。当地有大量保存完整的传统聚落，其中部分建筑的建造水平较高，建造技术也较为先进，具有一定的研究价值。

第二节　人文环境的溯源

一、历史文化的追溯

陕西是中华文明的重要发祥地之一。陕西传统民居的悠久历史，是在中华历代文明发展的大环境下产生的。陕西传统民居根据中国古代“天人合一”的思想，将各因素互相联系，使其互相制约，从而让民居能与陕西各地的实际情况相适应，融入地方性的自然生态环境，并展现出文化、传统和社会习俗等诸多要素。

第一，原始社会时期。原始人类寻找天然的洞穴作为自己的居所，即“穴居”。穴居满足了原始人对生存的最低要求。但是，当时的人类生活完全依附于自然，利用自然条件寻找栖身之所，“穴居”还不能算是人类自己创造的建筑物。下图为半穴居建筑形制，其已初步具有建筑的雏形，既包括承重构筑物，又包括建筑外观覆盖物；既具有空间形态，又具有地域形态。它包含门窗且房顶造型具有防雨功能。尽管造型还不够美观，但仍可见当时的人类已经开始自己建造具有实用功能的建筑物了。

进入新石器时代，随着磨制工具的出现，人类对自然的改造能力逐渐增强。人工挖掘的土窑洞和在树上架设的巢居成为人类居住的两种建筑形制。陕北黄土高原的黄土层因含有石灰质，土质均匀，有壁立不倒的特点，适于挖掘作为洞穴。陕北榆林的寨山、青龙山是仰韶文化的部分遗址，人们在里面发现了保存完整的史前窑洞和石砌城墙遗址。关中地区也拥有众多新石器时期的文化遗存，如宝鸡北首岭、西安临潼姜寨及西安半坡遗址等，它们均显示了较为完整的原始聚落。仰韶文化时期的氏族社会过着以农业为主的定居生活，人们已经能够利用石斧、石锛、石凿等建筑工具，结合木、竹、苇、草、泥等材料建造房屋。

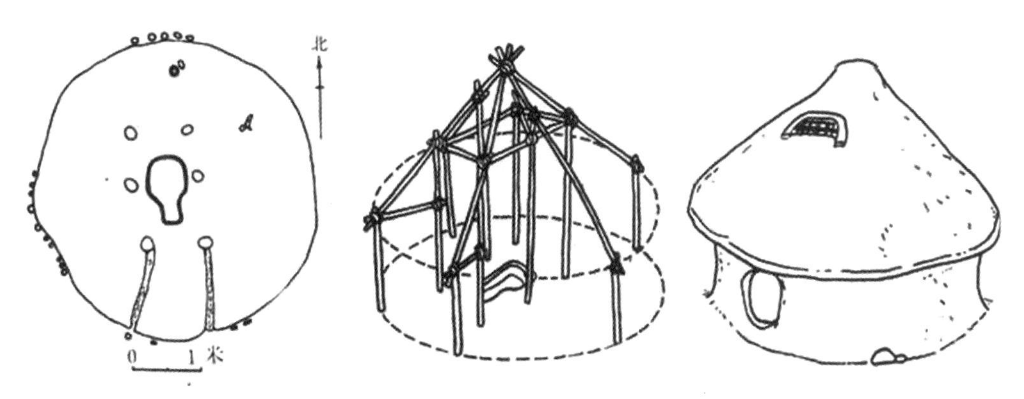

西安半坡仰韶文化半穴居圆形房子（左为平面图、中为构架示意图、右为复原图）

第二，奴隶社会时期。原始社会末期，由于生产力发展，生产工具的材料由石、骨等原始材料发展为金属材料。文化方面出现了甲骨文、金文等信息传递的载体。在春秋战国时期，社会思想领域也十分活跃，民居建筑更是有了长足的发展。夏朝是中国历史上的第一个朝代，当时的建筑实物早已荡然无存，文献及史证资料也很缺乏，因此无法考证当时的民居建筑形式，只能通过零星的史料证实帝王宫室多为高台建筑，还出现了台基。另外，建筑中也出现了成排的支柱，室内分割现象很普遍，夯土技术得到了应用和推广。商代持续了约五个世纪，有关建筑遗址发掘的实例较多。其中，在陕西辛庄遗址，发现了商代晚期大型建筑遗迹，不但有大型建筑的基址，还有夯土基槽、夯土墙、石墙及少量灰坑等，但是这组建筑应该是具有某种礼仪性质的较高等级建筑遗址，而并非一般的居住建筑遗址。这组建筑遗址让我们领略到了商代高超的建造技术。周朝又分为西周时期和东周时期，东周时期王室衰落，天下纷争，前期称春秋时期，后期称战国时期。西周的古建筑群位于关中地区的西部，主要包括现今的凤翔、岐山、扶风、武功四个县。其中，最具代表性的建筑遗址是陕西省岐山县凤雏村西周遗址。在这里，考古队发现了我国最早的合院式建筑，由二进院落组成，是对称的四合院形式，建筑的艺术和技术皆有一定的水平。春秋时期，民居建筑的重要发展是瓦的普遍使用，陕西地区传统民居中瓦的使用十分常见，如陕西省略阳县白雀寺村民居建筑。

第三，封建社会时期。中国封建社会经历的时间很长。封建社会的民居也经历了从发展、完善、成熟到最终定型等不同阶段。

战国时期的建筑技术有了很大发展，主要源于农业和手工业的发展及斧、锯、锥、凿等新工具的广泛使用。战国时期，各诸侯宫室已普遍采用砖瓦复顶。在曲阜、临淄、罗县、邯郸等地的战国遗址中，出土了瓦当、板瓦、筒瓦。斗拱也是战国建筑艺术上的一项重要的突破性贡献。

秦朝自统一六国到灭亡只有短短 15 年时间，在此期间，民居建筑没有明显变化。秦朝统一了度量衡及文字，促进了陕西各地经济、文化的交流与发展。

两汉时期处于封建社会的上升期，社会进入稳定繁荣时期，生产力的发展加速了建筑技术的进步，木构建筑越来越繁荣，拱圈结构和砖石建筑逐渐增多，瓦当的运用越来越广泛。两汉时期推崇儒家学说，礼仪上讲究尊卑有序，因此，宅第布局为前堂后寝、左右对称、主次分明、层层套院，这种建筑形制一直延续到封建社会末期。

魏晋南北朝时期长达 300 多年，少数民族进入中原以后给北方地区带来了不一样的生活习惯，对建筑样式、室内外环境布局等都具有一定的影响。北方因重视宗法制度，多为大家庭群居，民居建筑的规模也较大，风格偏朴实。南方多以小家庭组合为主，民居精致小巧，并常常附有园林，流行自然趣味。

陕西省略阳县铁佛寺村任家祠堂

陕西省略阳县铁佛寺村民居

陕西省略阳县白雀寺村街景

隋唐时期是中国封建社会的鼎盛时期，政治、经济、军事、文化等得到全面发展并趋于成熟，社会的稳定和经济的发展推动了民居建筑的进步。隋朝时期较短，民居建筑变化不大。唐朝时期生产力大发展，国力强盛，建筑技艺也达到前所未有的水平。那时候的民居皆趋向于轴线布局，依托十字街以及曲巷设置，坊四周有坊墙，对着横街或者十字街设有东、南、西、北坊门，实行夜禁制度，整个城区统一规整、条理性强。西安中堡村盛唐墓中出土的陶明器住宅显示合院住宅在盛唐后增多，这种住宅时称“四合舍”。

宋代的民居建筑经历了魏晋的演变过渡、隋唐的开放大气，开始向精致化、内敛华丽转型。这时期农村的民居分为两间或三间，形制丰富多样。总体上，宋代民居更加追求精致、注重细节，喜好华丽装饰。

辽、金、元时期，少数民族入主中原，民居建筑广泛吸收各族文化，主要表现为在传统形制上注入了新的元素，如出现了游牧建筑和西域建筑。辽时期的建筑更多保持唐朝风格，金代建筑在唐、宋的影响下有了一定的发展。元朝除蒙古族建筑外，民居仍沿用四合院式，胡同的规划在提高了居住用地利用率的同时，也使得交通更加便利。

明清时期的民居建筑发展是继秦汉、唐宋之后的第三次高峰，也是民居建筑的成熟期。现存明代民居建筑实例较多，明代有着最为详尽的民居建筑宅第规定，政府对各进屋的间架、屋面形式、屋脊用兽、是否使用斗拱、门窗油饰颜色等方面均有要求。建筑材料和技术的进步、自然地理环境的差异、儒学思想的熏陶、民风民俗的不同使得明代建筑以南北分界，形成具有地域特色的各类建筑。明代民居建筑总体上分为窑洞式、合院式、板屋式、土楼式、小天井式等形制。

清朝时期，经济、文化和政治等方面的发展对民居产生了很大的影响。在此阶段，制瓷、玻璃、珐琅等手工艺的发展影响到民居建筑装饰，也带动了砖、木、石三雕技艺的发展。陕西清代的民居代表有三原周家大院、西安北院门高家大院、旬邑唐家大院等。清代的民居建筑与明代相比更加精思巧构、丰富多彩，民居形制也经历了从完善自我风格到脱离古典轨迹，然后到形式多元化三个阶段。清代民居在中国民居建筑中起到承上启下的作用，清代也是民居形制向近代转化发展的重要时期。

第四，近现代时期。清末至民国初年，在西方军事、政治、文化的冲击下，民居建筑多以西方建筑为效仿模板，上海、天津等大口岸城市有多国风格建筑，尤其是各国租界的建筑都呈现出本国的风格。近代民居中常见中西融合的风格，如在民居院落中，中国传统布局与西方别墅住宅共存，或是西式住宅采用中式风格的家具、陈设，或在建筑技术、装饰材料上巧妙结合中西式特点。这种西式风格建筑主要分布在沿海地区或经济发达城市的各国租界内，广大农村地区民居形制基本上没有改变。在陕西省合阳县灵泉村、韩城党家村等地，新旧建筑的差异一目了然。由于传统工艺难以传承和匠人无从寻找，传统建筑技艺面临失传，民居建筑出现文化断裂现象。王澍说过：“中国曾经是一个诗意遍布城乡的国家，但是今天的中国，

旬邑唐家大院

正在经历一种如同被时间机器挤压的快速发展。”中国建筑在全球一体化文化背景下，受到世界各地建筑的影响，迫切需要对传统民居特质进行认真研究与总结，尤其是对传统民居重要文化遗产的保护，也是非遗课题的研究重点，使其能得到发扬与传承，并为现代民居建筑提供理论支撑。

二、宗法礼制的影响

第一，儒家伦理观念的熏陶。两千多年以来，中国封建社会一直受着儒家思想的影响，儒家强调的是以礼治国，重视人与人之间的次序、等级、伦理。儒家提出“尊卑有等、长幼有序、内外有别、亲疏有秩”的伦理规范。“礼，上下之纪，天地之经纬也”，这种依顺天地阴阳之序而确立的等级秩序有突出的主体，整个社会都以至尊至上的天子为中心，而又以上下亲疏关系定位，分出左右，泾渭分明，形成一道严密的关系网。在关系网上是一条永恒的轴线，这条轴线左右着君臣，不得造次有失。民居建筑自然也受到这种观念的影响。它不仅是人们挡风遮雨的栖身之地，它的结构、组合也蕴含着传统的宗法伦理、家族亲情等文化内涵和观念。无论是陕北的窑洞、关中的合院式群居民居，还是陕南的石板房，在家庭成员的住屋安排上都体现了尊者居中、尊者居上这种严格的儒家礼制。关中地区四合院式民居更是把这种儒家宗法伦理、家族亲情表现得淋漓尽致。四合院以“方形”作为民居的平面构图方式，而方形构图方式的优点就在于更具明确的方向性。陕西关中东府及西府各地区均出现儒家宗法伦理的文化渗透，如陕西韩城党家村、凤翔周家大院等无不体现出儒家思想里面尊卑有序的伦理规范。其中，周家大院残存的砖雕对联“经训不荒真富贵，家庭有礼自平安”更是对其家族子弟常读经书家训和重视礼义孝悌的儒商家风的直接宣示和表达。这些文字传递出浓厚的儒家文化哲理，反映了周家人的思想信仰和精神追求。

袁家村民居方形天井

第二，宗法家族观念的影响。我国古代社会是以农业为主体的农业私有制社会，生产力低下、生产资料匮乏使得人们以家族为单位，以农耕的方式维持生存现状。这导致了中国人重血缘，有着极强的家族观念。正是这样一种自给自足的小农经济和宗法家族观念，使得我国传统民居形成以血缘关系为纽带的院落式族群布局形式，用墙和房屋围合成一个向心力极强的院落，形成以家庭为单位的对外封闭、对内开放的中国院落式民居形式。陕西院落式民居形式里面同样可以看到宗法家族观念的影响，如扶风温家大院。明清时期的关中民居在很大程度上反映了关中地区传统民居受封建家庭各种礼仪制度、生活需要等的影响。

三、社会、政治的影响

随着时间的推移，自然条件对建筑形制的影响逐渐被削弱，但不同的社会背景给民居建筑带来了不同的影响。以关中地区为例，西周、秦、西汉、唐时期，关中地区是政治、文化、经济的中心，百姓安居乐业，民居建筑得以长足发展。而唐末

陕西省米脂县姜氏庄园四合院

至元时期战乱频繁，关中地区处在丝绸之路要道上，受异族的侵扰也极其频繁，该地区逐渐演变为较为封闭、落后的地方，社会发展停滞不前，民居建筑发展甚至出现倒退的现象。从明清时期开始，关中地区社会情况趋于稳定，生产力得到较快的发展，产粮丰富，传统民居建筑发展达到了历史上的最高潮。由此可见，社会发展情况对传统民居的形态特点会产生很大影响。另外，民居建筑的防御性特征也随社会发展逐渐显现。

关中地区历来都是政局变迁中的兵家必争之地，该地区民居体现出强烈的防御性和向心性，明清时期的典型防御性聚居村落在关中更是随处可见。如渭北地区韩城党家村的民居形态就是极典型的防御性结构形态，其主要特征也是其他村落中少有的上寨（堡）下村结构；又如合阳县坊镇灵泉村，村内街道整齐，朝北的围墙开凿出防御性的城门洞，靠村内部分围墙两侧有上墙阶梯；再如大荔县朝邑镇内建立了号称“天下第一仓”的丰图义仓，从其建仓的选址和守仓城墙的高度及墙体的炮弹孔可见千百年来关中被争夺的激烈程度。很多村落都以堡、寨字命名，还有的村落有独立的寨门或堡门。陕西省潼关县西北村的文明寨，开有 55 cm×35 cm 砖体砌筑的寨门，门上设有瞭望孔，寨内的主要干道为南北朝向，民居两侧的入口均开在主干道上，同时建有专门的排水系统。

四、民俗民艺的影响

民居除了受自然、社会政治、经济和宗法礼制的影响之外，受民俗的影响也比较大，这种影响可以在民居装饰上体现出来。

关中地区土地肥沃，物产资源丰富，人们生活富足，建筑装饰题材大多以民间传说、教化伦理为主，人们通过借喻、谐音、象征等手法，利用植物、动物、民间传说等图案，将关中人渴望平安吉祥的愿望表达出来。比如在民居里面通过一些建筑装饰来表达平安吉祥的寓意诉求，像“麒麟送子”“观音送子”“金鱼（玉）满堂”等。

陕北地区恶劣的自然条件和气候让当地人吃尽了苦头。陕北人对于丰衣足食的渴望和美好生活的向往十分强烈，这些愿望变成了陕北民居的装饰题材之一。比如象征荣华富贵的“凤凰戏牡丹”、代表长寿幸福的“福寿纹”、暗寓家道步步高升的“步步锦”等。还有在大门、影壁、窗户上面出现的“蛇盘兔”“鼠食葡萄”等图案，表达了人们祈求多子多孙的心愿。

陕南地区因其特殊的地理位置，建筑装饰受移民文化影响较大。其中，龙纹形态最为丰富，有夔龙、拐子龙，以及龙与其他吉祥图样的组合，从中可以看出这一地区人们对龙的崇拜，表达了人们对龙赐予祥瑞的期望。

第三节　传统建筑材料解读

传统民居是人类在生产活动中对克服恶劣自然环境的一种记录。古代社会，在建造各种类型的房屋实践中，人们了解了各种自然材料的性能，掌握了最原始的材料力学原理和最简单的土木工程学知识。在没有钢筋、水泥、玻璃的古代社会，中国传统民居的基本组成元素可以被大致分为数种原材料，这就是土、木、石、砖、瓦。不管是东方建筑还是西方建筑，都离不开这些原材料，它们不仅是一种建筑元素，更是承载着悠久历史的精神象征，它们来源于大自然，服务于人类。相对于现代材料，土、木、石、砖、瓦更具有自然的属性，它们是最贴近自然的建筑元素。下面就土、木、石、砖、瓦的运用手法，我们进行一一解读。

一、土——地之吐生物者也

《易经·系辞下传》云：“上古穴居而野处，后世圣人易之以宫室，上栋下宇，以待风雨。”可见，居住是建筑文化的基本意义。中国最早的居处是“穴居”和“巢居”。中华先民最初以山洞作为栖身之地，如北京周口店山顶洞人，后来进化到用粗糙、简陋的工具在台地上、山坡上挖掘人工洞穴，逐渐从全穴居发展到半穴居，最后才开始在地面上建筑民居。在穴居发展过程中，“土”这一元素一直处于主角地位。中国西北地区水位低、土质干结疏松，为生土建筑——窑洞的开掘提供了有利的自然条件，窑洞也是远古穴居形式之一。米脂县高西沟村的土窑洞，古老大气，朴实庄重；三原县柏社村的地坑窑洞，节约能源、防火隔声。民居建筑发展到地上之后，“土”又被用来制作土墙，古代常见的土墙主要有夯土墙、剁泥墙和土坯墙。

高西沟村土窑洞

夯土墙又分为墙面垂直的版筑墙和墙面斜收的桢干筑墙。版筑墙是用两块侧模和一块端模组成模具，另外一端加活动卡具，夯筑后拆模平移或上移，连续筑至所需长度或高度而成的一整面墙。桢干筑墙的“桢”是指筑斜收墙端模板，相当于墙的断面，置于两干之间，“干”是指圆木，用作墙的侧模板。桢干筑墙是用草绳将干连接后缚紧，填土夯筑，然后割断草绳后将干上移，继续夯至所需高度，将桢侧移后连续夯筑至所需长度而成的墙。这两种夯筑墙的方法在商代早已出现，沿用至今。

铜川石柱镇光明村土坯墙

陕西省麟游县万家城村土坯建筑

地坑土坯土窑洞遗存

土坯墙的土坯分为两种，一种是由湿草泥脱模晒干而成，还有一种是用湿度适中的土在坯模中夯筑而成，古代称“土墼”。两种土坯都出现在商代以前，属于民居颇为本原的建造手法，沿用至今。

土除了用来制作墙体外，在古代还用于城门墩、堤坝、台、殿基的制作，用途非常广。在陕西民居里面，我们也可以看到夯土墙的影子，如陕西省旬阳县枫树的传统建筑多为夯土墙，厚度在 40 cm 左右；铜川石柱镇光明村古建筑群很多都是由石头筑基，夯土墙围合而成；还有陕西省麟游县万家城的古村落建筑大多为土木结构，夯土墙围合，就地取材。在土窑洞建筑的遗存中，我们可以看出，这些建筑以“土”为主，彰显出“土”这一元素在传统民居建筑中的重要性。

二、木——木者，春生之性，农之本也

中国传统木结构建筑是由梁、柱、檩、枋、斗拱等大木构件作为框架结构，承受来自屋顶面、楼面的负重以及风力和地震力。在公元前 2 世纪的汉代就有了以抬梁式和穿斗式为代表的两种主要形式的木结构体系。这两种木结构体系的关键技术是榫卯结构，而榫卯结构早在距今约七千年的河姆渡文化遗址建筑中就已初见端倪。几千年以来，中华民族的建筑绝大部分是木质结构，但因岁月侵蚀，如今已很难看到唐宋时期完整的建筑群，遗留下来的大多是硕果仅存的单座建筑物。木质建筑没有砖石建筑那么经久耐用，保存较难。目前，中国现存最早的木质结构建筑是山西五台山南禅寺，而一些被保存下来的民居建筑多是明清以来的房子，木质结构的民居更是寥寥无几。

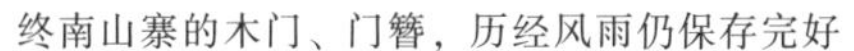

终南山寨的木门、门簪，历经风雨仍保存完好

陕西省佳县某木门上的窗格、窗花仍清晰可见

陕西民居里面也有不少木质结构建筑的影子。陕西省略阳县白雀寺村里的肖家吊脚楼，建于江边陡坡上面。吊脚楼有三层，为四合一天井，用木柱支撑，榫卯构筑，结构非常严谨，内有卧室、堂屋、饶间、储物室等功能空间。汉中略阳县铁佛寺村民居多为硬山顶、抬梁式木结构，房屋门窗、墙、梁、檐以木构件为主并保持着木材原有纹理。

三、石——土精为石

杨泉《物理论》中有关于石头的论述："土精为石，石气之核也。气之生石，犹人筋络之生爪牙也。"可见，气与石的连贯作用形成石的形态风貌；聚土、垒石形成了山体的形态。经历了上千年的沉淀历练，石头也愈发变得充满生命和灵气。它由大自然创造而来，为人们所用，在建筑上延续着它的生命和精气。从陕西民居中，我们也可以体验到石制建筑给人们带来的不同感受。

终南山寨石头房

鞑子梁石头房

在终南山寨石头房图中，我们可以看见用方石块垒成的墙体；在鞑子梁石头房图中，我们可以看出房屋和围墙为层叠的石材垒砌而成。陕西省绥德县李能沟村的传统民居主要为靠山接口窑洞，先用最原始的石头一层层砌筑，最后在顶部覆盖石板及夯土，石头在这里起到了承重作用；陕西省紫阳县焕古村石板房采用当地特有的板岩制作而成，石板房四周的墙全部用石头砌筑，石墙顶木构架上置木椽，上面再覆石板，焕古村的路也是石板路，将当地的原材料运用到极致，将地域特征展现得更加鲜明。

石头除了可以作为建造房屋的材料以外，还可以做柱础石、拴马桩、上马石、门枕石、影壁等。在现代环境设计里面，石头发挥的作用越来越多，既可以用于建筑，也可以用于室内外地面铺装，或制作成座椅、雕塑、路边置石装饰等。不同形态、纹理的石材带给人们的视觉感受不一样，其用途也不一样：比如花岗岩石材坚硬耐磨，但花纹较为单一，因此多用于室外装饰；而大理石的纹理丰富美观，但是较易断裂，不耐腐蚀，因此多用于室内装饰，且不宜大面积使用。现代社会对石材的应用可谓越来越广泛，如何将石材合理利用，将其气质、生命发挥到极致，也是设计工作者颇为感兴趣的建筑材料之一，更是建造民居不可或缺的重要建材。

四、砖、瓦——秦砖汉瓦

砖瓦作为建筑材料在中国已有很长的一段历史。提起砖瓦，人们总会想到“秦砖汉瓦”。在陕西省岐山县凤凰山下的周公庙遗址——西周贵族大墓群里面发现的先周时期的空心砖、板瓦和条砖，证明了这里是一处由新石器时代的仰韶文化、龙山文化和西周文化共同叠压的大型周代先民居住地。

砖分为烧结砖和非烧结砖。中国在春秋战国时期陆续创制了方形砖和长形砖。随着时代发展，砖头已从传统的实心向多孔、空心发展，品种和样式也越来越多。在陕西民

陕西省略阳县白雀寺村民居屋顶瓦的使用

居中，我们到处可见砖瓦的影子，比如陕西省洛南县柴湾村的传统建筑为砖木结构，青瓦屋面，大门口还有拴马桩；陕西省略阳县白雀寺村民居屋顶瓦的使用非常普遍；韩城党家村建筑多为木构架，外围为青砖墙，屋顶覆盖小青瓦，庭院也为砖铺地面；铜川陈炉古镇民居更是以砖瓦为主，或作为墙面，或作为地面铺装，砖头的大小和铺砌方向也有变化，丰富了民居建筑的视觉效果。

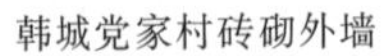

韩城党家村砖砌外墙

铜川陈炉古镇民居砖墙

砖砌民居建筑，所示民居大门、围墙、建筑外立面等大多数是用砖头垒砌而成，比起木构建筑，保存更为完好

第二章 地域特征

陕西民居分类

地域特征，是指在当地的自然环境基础上、特定的文化环境内，以及长期的生产生活中所呈现出来的特定景象。不同的自然环境和生活习性，必然会导致该区域涌现出不同的村落布局和建筑形式。《淮南子》中有“建筑即宇宙，宇宙即建筑”的宇宙观，伟大的建筑就如同伟大的文学作品一样，可以在哲学和美学境界中升华到“空灵”的高度，而民居建筑及其群落就像建构在原野山林里面的艺术品，因其建筑技术、结构、材料等不同而被赋予不同的美，呈现出不同的意境与气质。

第一节　聚落意象

意象是一种主观感觉中的环境印象，中国的古村落极富“可识别性”和“可印象性”的特点，比如江南水乡的小桥流水、福建客家土楼的错落有致等都散发出一种风格独特的地域意象。古村落意象表现为一定地域内人群所创造的村落文化的空间形象，一定地域内人群的文化思想就通过这种独特的村落形象来表达。研究中国古村落的意象，就是在揭示中国传统文化中有关村落选址、布局、形态及规划的思想理念。陕西古村落景观具有的意象特征可以大致概括为以下四个方面。

第一，山水意象。陕西古村落从选址到布局都强调与自然山水融为一体，风水学里面的和谐美理念主张人与自然的和谐、民居与周围环境的和谐，表现出明显的山水风光意象。

陕西省略阳县铁佛寺村全景

第二，生态意象。陕西大部分的古村落都具有坐北朝南、枕山面水、土层深厚、植被茂盛等特点，体现出明显的生态意象。陕西省略阳县铁佛寺村，村落三面环山，南面有青泥河水蜿蜒而过，此地山清水秀，气候宜人，呈现出一幅自然生态的山水田园画面。

第三，宗族意象。中国封建社会是一个典型的以血缘关系为纽带的宗族社会，人与人之间的关系都以血缘为基础，因此，人类居住的村落便成为以血缘关系为纽带聚族而居的空间组织。

第四，趋吉意象。古村落特别注重选择趋吉避凶的理想环境，最主要的表现就是建筑风水学的普遍运用。古村落选址遵循后背有靠山，前面有流水，两侧有护山，远处有秀峰的原则，有山、有水、有田、有林的相对封闭的空间模式是古代劳动人民最理想的居住环境。

下面我们主要从聚落选址特征和布局形式方面看看陕南、关中、陕北地区民居聚落的意象特征和建造特点。

一、聚落选址特征

陕西南北狭长，地域辽阔，形成了陕南、关中、陕北三个地理条件和文化背景迥异的地区。从地域上看，古村落主要分布在历史上经济较为落后、交通不便的地区，如陕北的黄河沿岸及历史上的大漠边陲等；而在关中平原的中间地带，312 国道以及陇海铁路的沿途地带，分布较少。陕西的古村落选址主要有以下几个特征。

一是遵循自然、依山就势。陕北高原以及陕南山区的古村落，很多都依山就势、临水而建，体现出一定的山水意象特征，符合中国古村落典型的山水格局形态，如陕西省绥德县的贺一村、陕西省汉阴县的四合村等。中国古村落从选址到布局都强调与自然山水融为一体，因而表现出明显的山水风光特色。《阳宅十书》就写道：“人之居处，宜以大地山河为主。”《宅经》也把大地看作一个有机的整体，认为选择良好居住地的前提是“以形式（即地形）为身体，以泉水为血脉，以土地为皮肉，以草木为毛发……”由此可见，中国的古村落都非常注重与自然山水的有机融合。陕西古村落在注重选择优美的山水环境的同时，也注重对生态环境的追求。例如，陕北高原窑洞建筑同地形地貌紧密融合，极富有生态性和安全性。村落生态意象除了树木植被的因素外，还与村落地形、土壤、水文、朝向等因素有关。

陕西省旬邑县窑洞四合院

二是采用“村寨合一”的模式。在古代战乱时期，为了防御外敌，保证村民人身和财产安全，很多村子采用“村寨合一”的模式。以渭北党家村为例，它是以“上寨下村”的模式营建的。而这些村寨的人大部分由一个或几个姓氏组成，彼此之间存在血缘或联姻关系。早在五六千年前的西安半坡村落，就有了这种以血缘关系为纽带聚族而居的空间组织的雏形。党家村的整个村落由居于中心的一所大房子和周围的四十六座小房子组成，小房子的门都朝着大房子开。这种向心内聚状的聚落形式，显然是为了借助氏族血缘的力量来获得整体上的防御优势。中国古村落中，最重要的宗族建筑就是宗祠，村落空间多表现为以宗祠为集合中心或“心理场”中心展开布局，如韩城的党家村、堡安村等。

三是采用“陵村一体”的模式。古代封建社会，等级制度森严，一些名声显赫的士大夫为传承宗族文化，彰显荣耀，将先祖的陵墓园和村落住宅建筑连成一体，经过通盘布局，形成了“陵村一体”的聚落模式，如陕西省三原县的安吴村、陕西省旬邑县的唐家村等。

四是采用“集中成片”的模式。这类村落多出现在关中平原地区，在陕北地区的川道、陕南地区的盆地也有分布。人们在居住地选址的时候首先考虑的就是生活方便、土地肥沃、人身安全等因素，这样就形成了村落分布呈集中片状的特点，如韩城梁带村、渭南莲湖村、铜川孙塬村等。

陕西省旬邑县的唐家大院一角

唐家大院陵墓园一角

二、聚落布局形式

第一，关中地区地势一般比较平坦，聚落以同姓同族聚居为主，少量外姓混居其中，形成一个共同区域。聚落规模从几十户到上百户不等，临近聚落之间通过道路连成道路网。每个同姓的宗族聚落以宗族祠堂或族长居住地为中心呈放射状分布，层层向外发展扩张成聚集式村落。这种等级分明、逐层扩张的聚落形态，充分体现了宗法礼制里面尊卑有序的观念。聚落布局形态可分为四种形式：块状、团状、长条状或梭状、线状。如韩城的党家村就属于块状聚落，基本单元由几个面宽不等、进深大体相等的并列式院落通过街巷联通。而在聚落形态整体布局上，宗祠或族长居所位于中心，占据有利位置，规格形制也是最高的；再外一层是围绕中心布局的几个并列宅院，中间穿插着水井和宗支祠堂；再往外是由公共设施组成的“场”，如牌楼、文星阁等。

第二，陕北地区传统的生土民居布局也是以院落式布局为主，陕北人的休闲娱乐、婚庆丧葬、生产劳动都是在建筑与墙体围合成的院子里进行。陕北传统的生土民居窑洞由于沿山而造，建筑主要分布在地势相对平坦的堆积高地（塬）和朝阳沟谷切割的丘陵（峁）上，因此这里的院落呈带状分布。与其他地区的院落比较，陕北的窑洞院落表现出又窄又长的特点。

陕西省绥德县郭家沟独立式窑洞四合院

第三，陕南地区的民居不同于陕北和关中地区。关中平原地区院落式民居形成了村落，陕北高原地区凿土成洞，形成了窑洞式民居。而陕南地区由于地形复杂，群居户数少，建筑材料品种多样，建筑形式依据地域的不同而呈现出不同的特点。秦巴山地，沟壑纵横，高山峻岭，可供群居的开阔平地较少，自古以来，此地大多数山民是分散居住，远看山坡星罗棋布，很少有大一点儿的村落。为了适应各地气候条件、地形地貌和资源特点等，陕南地区的人们研究出各种建造方法，建筑形式多种多样，充分反映了地域特色。陕南地形有山坳、平坝、河沿等，陕南人依据地势和当地材料条件，建造出多种类型的民居，常见的传统居民有石头房、吊脚楼、竹木房、四合院及三合院等。

第二节　原生态穴居窑洞民居

陕西省佳县荷叶坪窑洞

在陕北地区分布最广的传统民居——窑洞，距今已有4000多年的历史了，它是由远古“穴居”演化而来。陕北地区由于被深厚的黄土层所覆盖，因此，居住在这里的劳动人民利用这一得天独厚的地理环境，创造性地建造了世界上最古老的窑洞。陕北的黄土高原沟壑纵横、山原逶迤，人们利用山崖畔、沟壑边开挖窑洞，非常方便。于是，窑洞成为陕北地区最具代表性的民居。窑洞既是黄土高原的产物，又是陕北农民居所的代表。这里积淀了古老的黄土地文化。以前，一位陕北农民辛勤劳作，最基本的愿望就是修建几孔窑洞。有了窑洞，娶了妻子，才算是成家立业。男人在黄土地上耕作，女人则在土窑洞里生儿育女、操持家务。小小的窑洞浓缩了黄土地的别样风情。

陕西窑洞的类型大体上可以分为两种：

第一种是靠崖窑。这种类型的窑洞大多是利用自然的崖畔、沟壑等稍加修整，挖掘而成的。如果没有合适的崖畔、沟坎可供使用，就选择合适的山坡地，平着向里面开挖，把山坡垂直削平，挖出合适高度的崖面，再向里面挖掘窑洞；然后再把山坡地其他三面用围墙或土房屋围起来，就形成了一个独立的窑洞院落。家里条件好、讲究些的人家，还紧贴着崖面从下往上再包砌些砖石，崖面的上面再加筑护墙，不但漂亮美观，还可以对窑洞起到保护作用。有的人家还在窑顶加筑木瓦结构的窑檐，用来遮挡风雨、装饰门面。

第二种是完全由人工建造的砖石窑。这种类型的窑洞不需要挖坑，选择一处宜居之处就能建造。建造方法是先用方形规则的石料或烧制砖块砌出“窑腿子”，即侧面墙，再用拱圈形式砌出半圆形的窑顶。前面砌砖石后装上窗户，后面也是砌砖石后装上窗户，这样可以形成空气对流。

还有一种叫券窑或锢窑，即在土窑里面再用砖石砌衬，以达到坚固耐用的效果。

窑洞文化之所以经久不衰，窑洞之所以至今仍有人居住，原因有以下两点：一是造价低廉，方便挖掘；二是冬暖夏凉，窑内常年温度在5 ℃到22 ℃之间，只有在秋雨绵绵的时节容易反潮。不过陕北干旱少雨，窑内保持相对湿度，也成为一大优点。在文化观念上，黄土窑洞表现出一种令人感动的亲地性。正所谓“上山不见山，入村不见村，院落地下藏，窑洞土中生”，人们掘土而居，以土为生，世代繁衍于此。大地养育了生命，生命也隐含于大地之中，亲地性是黄土窑洞的文化底蕴。

第三节　天人合一的院落式建筑聚落

中国的传统民居作为华夏文明的载体，凝聚着中华民族的智慧，陕西的关中民居便是在关中地区地理、文化、气候、经济等基础上孕育而生的产物。关中民居在选址、营造空间、建造手法等方面对现今乡村民居建设规划具有重要的参考价值。关中民居中最有特色的是目前正在消失的“宫殿式”民居。这种民居出现在关中一点儿也不意外。关中地区作为千年古都的所在地，土地肥沃，物产丰富，号称八百里秦川。它不仅是华夏文明的发源地之一，同时也是世界上最重要的人类起源地和历史文化中心。历史上关中地区各种宫殿建筑巍然耸立，离宫别苑比比皆是，对民居建筑产生了深远影响。

袁家村左右客栈，仿关中传统民居样式建造，由余平老师设计，成为袁家村民宿的典型代表

关中村落道路多呈棋盘状，一般设有通往住户的小巷，户与户毗邻，构成建筑群体。建筑群呈现出较强的内向性和防御性，很多村落设有独立的堡门和寨门，门上有瞭望台，比如位于陕西韩城的党家村，一旦有外界入侵者侵袭，瞭望台

便能够快速传递信息，从而确保村民的安全。

大部分关中民居又被称为宫殿式民居，这种类型民居走向上以南北向为最佳，一般是 10 m 宽，进深 50 m 左右，符合规矩的叫作“全院子”，宽度大于 10 m 的叫“大三间”，略窄一点儿的叫“小三间”。这种院落在很长一段时期曾是关中地区大户人家宅第的标配。过去，关中地区曾把有无大三间，尤其是有无楼房、客房作为衡量一个家庭富裕程度的标志。“前客房，后楼房”，成为那个时代生活富足的代名词。

从一定意义上来说，关中民居的原始形态特点，首先是关中黄土高坡上的自然环境和它产生的“天人合一”哲学思想的适应性建造表达。关中地区四关紧锁，八百里秦川沃野，这种自然地貌影响着关中人的心理，于是，从周秦时代开始，关中的民居就以四合院为主。另外，中国特有的“天人合一”的哲学思想，最早也产生于关中黄土高坡，所以，提及关中民居原型也就不能不说这一哲学思想，“四合院”就是充分利用了黄土坡地上的原始材料，且充分适应了黄土地上的农耕生活和宗族法制观念。

第四节　藏风聚水的陕南民居

陕南的秦巴山地承接南北，交通不便，山高林深，相对比较封闭。明清以来，这里的居民大多为其他省份为了逃难、谋生而流入的“流民”。此外，陕南也有部分地区因此而成为关中及周边省份的移民区。因地理位置特殊，“流民”也带来了多元的文化形式，使得陕南的民居呈现出南北民居的双重特征。此处的房舍大多就地取材，按材料可分为石片房、夯土房、吊脚楼等。按空间形态，陕南民居可分为以下几种：

一是一字式民居及其变体。一字式平面布局是原型，三连间平面布局是其基本形态，形成“一明两暗”形制，并通过增加开间、增加其他用房、增加层数等方式演变为多种空间的组合形式。

二是堂厢式民居。主要由正屋和厢房组合而成，平面布局分为“凹字形”和

鞑子梁石头房

石泉一字式住宅

陕西省略阳县权力村堂厢式民居

"一正一厢"两种形式，平面布局逐渐呈"围合"和"群组"形态，但还没有形成以建筑实体或院墙围合的院落。

三是合院式民居，是在堂厢式民居基础上发展而来的格局。主要有三合院、四合院两种基本形制及在此基础上衍生出的多种空间组合形式。进深主要以两进院、三进院居多。开间横向发展有三连间的、五连间的，甚至七连间的，还有增加侧天井的组合式院落。

四是吊脚楼民居。这种民居样式是从干栏式建筑衍生而来的，除了吊脚支柱外，就是紧靠崖壁，如陕西略阳县白雀寺村的竹木吊脚楼，它具有用料环保、节省用地空间、适应湿热气候等优点。根据建筑与山体的结合程度，吊脚楼还分为上爬、下跌和分台三种样式。

陕西省略阳县白雀寺村吊脚楼民居

第三章　工 匠 技 艺

陕西民居形制与装饰意匠

工匠是指拥有工艺专长的匠人。他们专注于某一领域，针对这一领域的产品进行深入的研究，并且在产品制作的过程中全身心投入，精益求精、一丝不苟地完成整个制作工序的每一个环节。

众所周知，以砖木和土木结构为主的中国传统建筑拥有悠久的历史与别具一格的建筑特色，是我国珍贵的文化瑰宝，蕴涵着一代代工匠所传承的精湛技艺和智慧结晶。传统民居作为我国传统建筑的起源是其重要的组成部分，也是我国传统民居中最生态、最朴实、最生活化、最人性化的类型。陕西民居是中国建筑历史上的一朵奇葩。它有尊重自然、结合气候、因地制宜的各种聚落形态，并散落在不同地势、地貌的三秦大地上，犹如民族的瑰宝深深镶嵌在中华大地的土壤里。特别是关中平原的四合院民居和陕北黄土高原的窑洞民居。其中，陕北窑洞民居作为生土建筑的代表，是千百年来当地老百姓和工匠们利用大自然、改造大自然、与大自然抗争的最好见证。而关中地区传统民居的营造技艺早在 2013 年 12 月就已被列入“陕西省第四批非物质文化遗产名录”。陕西民居能够强烈地反映出三秦人民的民俗风情、生活状态、观念形态、处世哲学和审美情趣，诸如民居形制和民居装饰等方面的工匠技艺更是通过民居本身得到了淋漓尽致的展现。

第一节 民居形制

陕西民居历史悠久且风格迥异，因其所处位置、自然环境、地势地貌和风俗习惯的不同呈现出了多种多样的民居类型。其中，在陕北的黄土高原主要以生土民居建筑为主，部分地区以土木和砖木结构所建的硬山式单、双坡屋顶的房屋组合成民居院落。而关中地区则以抬梁式的木构架结构作为承重体系，加以土墙或砖墙的围合来营建民居。陕南地区民居屋顶则为硬山式单、双坡，并以仰瓦干搓的形式来构筑，是由多间房屋围合而形成的居住院落。陕西民居在陕北、关中、陕南呈现出了风格迥异的民居形式，总体而言概括为天圆地方的陕北窑洞、“天人合一”的关中宅院和随山就势的陕南院落。

一、黄土地上的四合院

合院式民居是我国最基本、最常见的民居形式，也是我国民间建筑文化的典型代表。皖南的天井院、云南的“一颗印”、北京的四合院，以及陕西关中地区的许多民居等，都是我国合院式民居的典型代表。它们的形成和营建与我国道家的“环抱思想”及几千年封建社会的“礼治秩序”有着紧密的联系。“中轴对称、前堂后室、左右两厢”是这种民居形式的显著特点，“天人合一”是这种建筑形式的核心精神内涵。同时，这种建筑形式也是我国宫殿建筑、王府建筑、官邸建筑的本源。

扶风温家大院是窄院式合院民居

陕西省中部的关中地区（主要包括西

安市、咸阳市、宝鸡市、渭南市、铜川市、杨凌区五市一区)，地势平坦，地少人多，农耕用地和住宅用地的冲突以及特殊的地理位置和气候环境，使这一地区形成了其特有的以“并山连脊”构筑而成的宅院式合院民居。早在3000多年前，我国最早的合院民居遗址——周原两进四合院遗址，就出现在如今关中西部的陕西省岐山县凤雏村。

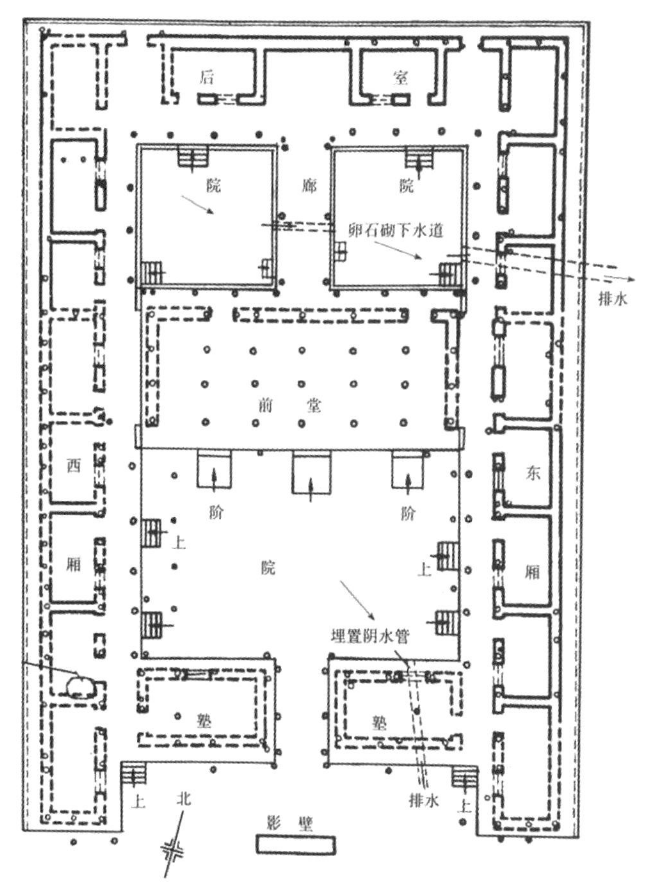

周原两进四合院遗址

（一）合院民居的结构形式

陕西关中地区历史悠久，文化积淀深厚，长久以来所形成的各种文化深深影响着该地区的传统民居，再加之特殊的自然环境，使得关中地区的合院民居有着鲜明的地域风格和地方特色。院落平面结构和空间组织手法仍属于中国传统四合院的营建模式。其主要结构特点是沿纵轴布置房屋，以厅房为核心，其他房间排布在外，层层包围组合形成院落。归纳起来，关中合院民居的院落结构形式有独院式、纵向多进式、横向联院式、窑院式四种形式。

1. 独院式

独院式是陕西关中传统民居院落的基本形式，也是最为常见的院落结构形式，这种方式能够充分利用宅基地。按照宅基地面积的大小和形状，又可分为单排房院、二合院、三合院和四合院四种组合形式，通常面阔3个开间，长度大多为9 m左右。其中，四合院与三合院是独院式院落组合形式中较为常见和具有代表性的院落，也是组成其他院落形式的基础单元。这种院落从前向后的布置方式依次为门房、厦房、正房、后院，以及用土墙或砖墙围合而成的庭院，例如位于陕西省千阳县的黄家大院。这种院落形式的门房通常用作储物、会客或书房。厦房主要作为家中晚辈居所或厨房，正房为整个院落的核心部分，多用于家中长辈居住及举行家庭仪式庆典和会客接待。而三合院则是在四合院形式的基础上省略了门房，二合院是由两间厦房组成，单排房院仅有正房。

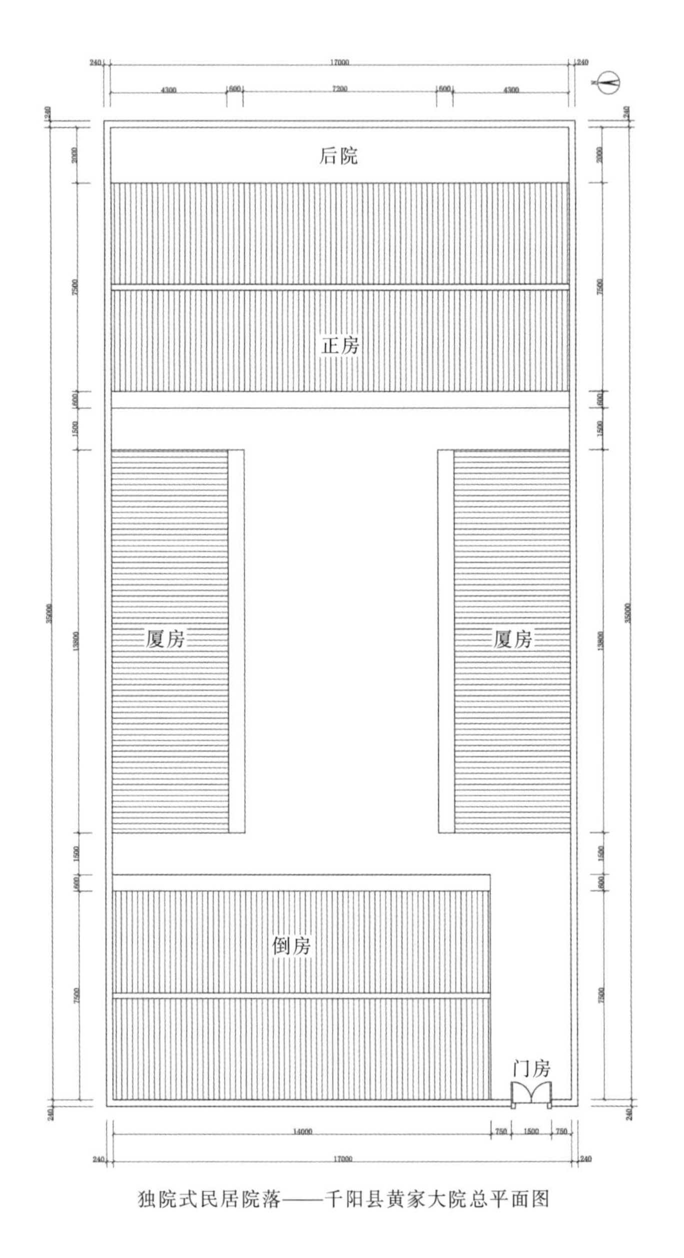

独院式民居院落——千阳县黄家大院总平面图

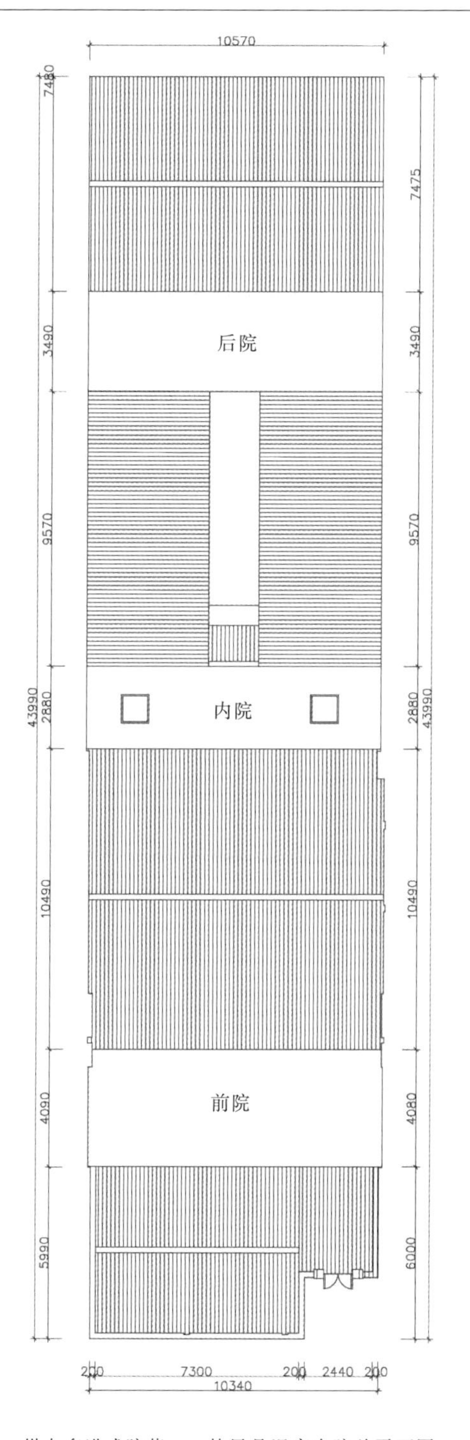

纵向多进式院落——扶风县温家大院总平面图

2. 纵向多进式

纵向多进式院落结构是陕西关中传统民居院落“宅院式”院落形态的典型代表，例如位于陕西关中民俗博物院的崔家槐宅院、陕西省扶风县的温家大院、陕西省凤翔县刘淡村的马家大院。这种院落结构是由多个独院式院落沿纵向（通常为南北方向）重复组合而成的。纵向多进式院落布局形式比较节约用地，不仅可以解决关中地区人均可用地较少的问题，还可以使院落空间更加丰富，各个房屋功能更为明确，同时还能增强院落住户的私密性。纵向多进式结构的院落一般为该地区经济条件较好的人家建造院落时使用的院落样式。纵向多进式院落庭院面积较大，院内各个建筑单体以空廊相连接，面阔一般为 3~5 个开间，长度为 9.9~16.5 m。这种院落形式可以分为前院、内院、后院三部分。前院是位于院落最前端的部分，一般是由门房、厦房、过厅组合而成的三合院或二合院，主要用来储物、接待、举行庆典，或处理日常事务；内院是位于过厅之后、后院之前的部分，一般由厦房和正房围合而成，主要用于祭祀和家庭成员的日常生活，是院落中较为私密的部分；后院是位于院落最后端的部分，主要用来设置厕所、存放农具、饲养牲畜和堆放杂物。

3. 横向联院式

横向联院式院落结构是由两个甚至更多个纵向多进式院落横向组合而成的。院落与院落之间大多都用高墙来进行分割，但都开设有门，以便于院落之间的相互联系。这种院落形式既能够保证每个院落的私密性，又能方便家庭成员之间的相互照应、交流与沟通。横向联院式院落结构通常为该地区富商或官宦建造大宅院时广泛使用的院落形式。例如位于陕西省旬邑县的唐家大院和陕西省凤翔县的周家大院。横向联院式院落结构一般由正院和跨院两个大的部分组成。正院，是供家中长辈日常生活起居的专用空间，也是家族举行祭祀、聚会、庆典的场所。它处于整个院落的中心和院内地势最高的地方，无论是建筑材料的使用，还是建筑装饰的精美程度，都要比其他院落更加考究。正院一般面阔 3~5 个开间。跨院，是与正院横向紧密相连的院落，在建筑尺度、建筑构造、建筑装饰上都与正院相差许多，通常为家中晚辈、仆人的住所，以及厨房、磨坊、马房等场所。跨院面阔等于或小于正院，一般为 3~5 个开间。

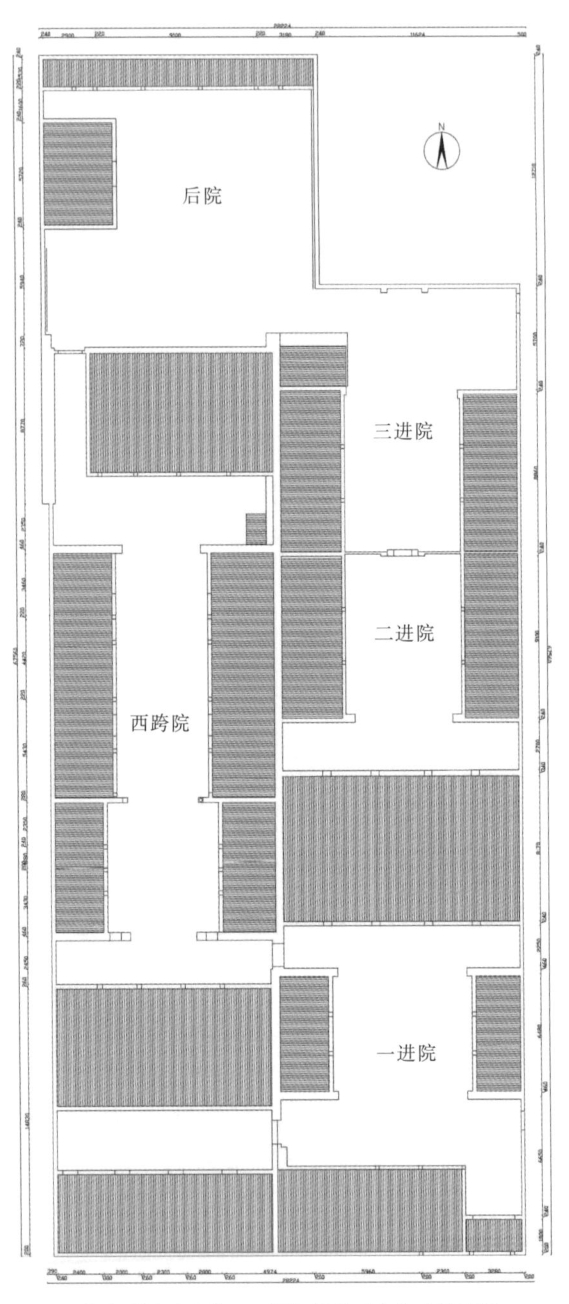

横向联院式院落——凤翔县周家大院总平面图

4. 窑院式

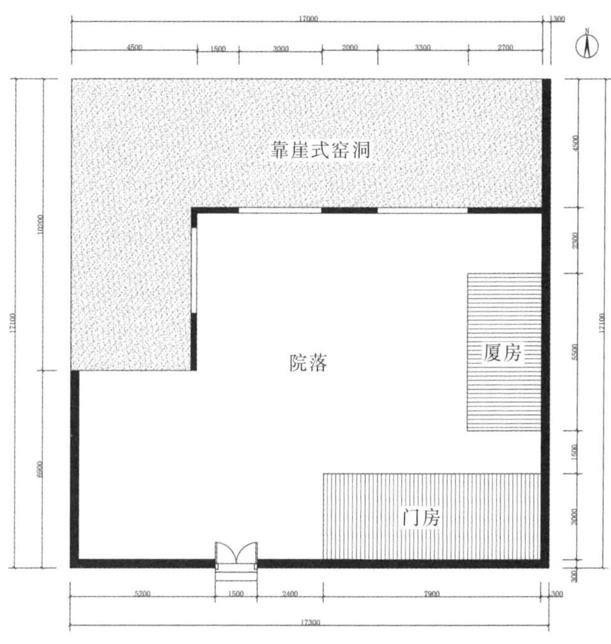

窑院式院落——宝鸡金台区六川河窑院总平面图

窑洞民居是我国历史比较久远的居住形式，也是我国黄土高原特有的居住形式。这种民居形式既经济又耐用，使建筑与自然融为一体，和睦共处，在建筑中体现了“因地制宜”与“天人合一”的思想。在陕西关中地区的合院民居中，此种院落形式仅存在于关中西部的宝鸡西北地区和关中地区北部的渭北高原。该地区为平原与山塬的结合地区，有较多台塬地带，这里黄土的质地与地貌条件也使得该地成为修建窑洞的理想之地。该地区窑院式的院落结构主要以靠崖式（庄窑）和地坑式这两种形式为主，局部地区也采用了房窑结合的方式（前房后窑）。地坑式窑洞民居是关中窑洞民居的组成部分，而靠崖式窑洞民居是利用崖势直接在山体的黄土层中开挖而成的窑洞，一般在窑洞前有较为平坦的开阔地带，便于形成院落。常见的有三孔窑和五孔窑，单孔窑宽为 3.4 m，高为 4.9 m，中间的窑洞是供家中长辈居住使用的场所，其他窑洞为晚辈居住和存放杂物之地。房窑结合式窑洞民居是将庄窑作为正房，是由在前部增加单坡硬山顶的厦房或门房所围合而成的院落。其中，作为正房的庄窑供家中长辈居住，厦房或门房为晚辈居住或存放杂物。窑洞因其经济适用且施工简单，在关中地区通常为经济条件较为一般的农户所居住。

（二）合院民居的院落空间类型

1. 豪门大宅院

我国著名的建筑大师孙大章先生曾对豪门大宅有过明确的定义：在封建社会的上层人士中，诸如贵族、官僚、大地主等豪门家庭，他们深受宗法思想的影响，多由家长主持家务，维持数代同居共食的家庭构成。因此，人口众多，住宅规模庞大，建筑空间组织繁杂是豪门大宅的显著特点，也由此形成了东方独特的豪门大宅居住形式。

《礼记·礼器》曰：“礼也者，反本修古，不忘其初者也。”《礼记·经解》又曰：“以旧礼无所用而去之者，必有乱患。”在封建礼制思想的影响下，无论是民居，还是宫

殿的建筑形制，都具有极强的等级识别性，以建筑形制的严整秩序适应国家的政治、社会关系秩序，反映出中国传统民居的等级观念，突出表明了儒家礼制思想中的人治思想。传统民居的布局、结构和规模明显表现出尊卑贵贱的等级制度。就一个传统家庭而言，长辈居上房、晚辈居厦房、仆人住偏房；妇女不能轻易步出院外，宾客也不能随意进入内院。

关中传统合院民居中的豪门大宅院主要以官僚府邸和地主富商这两种类型为主。其中，官僚府邸是在故里建造的大宅，一则可向乡里炫耀，二则以备卸职归隐。这类住宅除了规模宏大以外，多带有一定的文化气息，如书房、会客部分空间通常较大，并附设宅院，建筑装饰、装修也极其考究。例如，陕西省旬邑县的唐家大院、陕西省三原县的周家大院、陕西省凤翔县的周家大院。而地主富商作为封建社会较为富裕的阶层，他们的住宅自然也较为讲究。一方面，由于受到传统家庭道德伦理思想的影响，其住宅的基本形制仍是传统样式；另一方面，为了炫财斗富，他们的住宅吸收了山西以及江南民居的部分建筑特征和装饰手法，呈现出整体布局灵活且建筑形式多变的风格。例如，凤翔县的周家大院以及韩城市党家村的绝大部分宅院。

这些豪门大宅院都采用纵向多进式或横向联院式的院落结构，或为三进，或两进两跨，或三进两跨，大多为 5 个开间，建筑形制与建筑装饰极为讲究。

陕西省旬邑县唐家大院

陕西省凤翔县周家大院

2. 普通宅院

陕西省千阳县黄家老宅

陕西关中传统合院民居历史悠久，在这片广阔的平原上还散落和保留着大量的明清普通传统民居。它们在占地面积、平面布局、空间处理、建筑装饰等方面虽不及豪门大宅院讲究，但这些普通民居也都是跟随着豪门大宅院所引领的建筑潮流进行营建的。关中普通传统民居不仅具有平面布局紧凑、用地经济、选材讲究、建造质量严格、室内外空间处理灵活、建筑装饰水平高超等特点，还体现出了关中地区的地域特色、地域文化和传统的民俗民风，以及封建社会等级森严的礼制思想和“天人合一”思想。这些民居通常为三个开间，总长度在 7~12 m 之间，以中轴线层层组织，形成窄长的平面形式，常以四合院、三合院、二合院和单排房院这四种形式营建，以土木和砖木结构为主。值得一提的是，这种合院民居将夯土版筑（胡基）这种材料和工匠技艺发挥得淋漓尽致。例如，位于陕西省千阳县药王洞巷的黄家老宅、陇县儒林巷的徐家老宅、陇县枣林寨村的孙家老宅等。

陇县枣林寨村的孙家老宅

3. 窑洞宅院

陕西省永寿县窑洞宅院

窑洞民居广泛应用于我国黄土分布较为集中的黄土高原。在陕西省关中地区，主要分布于中北部和西北部的平原与台塬的接合处，如宝鸡、咸阳，位于我国黄土高原的边缘地带。该地区黄土层厚度在50~200 m，黄土的质地和独特的地貌条件给被称为绿色建筑的窑洞民居创造了得天独厚的自然条件。此地区聪颖的先民们巧妙地将其利用，创造了这种典型的具有节省建筑材料、环保、省地、经济且坚固耐用等特点的窑洞宅院。该地区的窑洞宅院以靠崖式和地坑式这两种形式为主，同时使用夯土版筑方式建造。窑洞宅院获得了“土崖壁上犹如整齐排列的靠背椅”和“上山不见山，入村不见村，只闻鸡犬声，院落地下存，窑洞土中生，车从头上过，声由地下来，平地炊烟起，不见鸡狗光听声”的评价。这是伟大的先民们利用大自然、改造大自然的智慧结晶，也是人与大自然和睦相处、共生共存的真实写照，更是人类“天人合一”“因地制宜”美好愿景的完美体现。关中地区的窑洞宅院民居往往没有过多华丽的建筑装饰，但从中更多展现出的是经济与质朴。这些地区的窑洞犹如“对症下药”的良医一般，为当地的居民提供了宜居且温馨舒适的健康型绿色生存空间。

（三）合院民居的院落构成形式

陕西关中地区的合院民居（地坑式窑院除外）从院落的构成上主要由倒座（门房）、厦房（厢房）、厅房、正房（上房）四种建筑单体结合围墙与大门组合而成。

1. 倒座

关中民俗博物院孙丕扬宅院倒座

倒座，在陕西关中地区也被称为“门房”或者“街房”，一般面阔3~5个开间，是合院民居与街道相互连接的建筑，位于院落入口大门的开设处。因合院民居大多为南北走向，再加之受形式、礼制与五行观念的影响（倒座右侧为东向），大门常设在右侧第一个开间的位置（倒座右侧为东向，东为“上”），亦有设于最中间开间的位置，但绝大多数是官邸宅院，寓意耿直、透明、光明正大、清正廉洁。关中合院民居的倒座，临街立面，较为朴素简洁，有“财不外露”之说，且通常不设开窗或只设较小的高窗，装饰主要集中于大门周围以及相邻院落的山墙相接处，以砖木或土木结构建成，全都为单层建筑。一般为了丰富和更好地利用空间，在房屋内部会设置隔板，作为储物室、书房或者接待的空间。

2. 厦房

“房子半边盖”是陕西八大怪之一，说的就是关中地区传统民居的厦房，这是由当地特殊的自然地理环境和风俗习惯造成的。厦房是关中人对合院民居厢房的称呼，关中西部宝鸡地区的西府话也称其为“厦子房”。它以对称的形式位于院落中轴线两侧，通常为单层建筑，门开于东、西侧，与正房、门房垂直布置，但并不与它们相连接，是院落空间围合东西方向的重要建筑。关中合院民居的厦房由于是单坡屋顶的缘故，室内进深空间一般较小，单个开间通常为 3 m 左右，而依照院落空间尺寸和住户人数的不同需求，开间数量亦不固定，且奇、偶数并存。因此，关中合院民居的厦房间数和长度灵活多变，而不同长度的厦房围合又产生了尺度丰富的院落空间。由于厦房不是院落的主体建筑，因此，在建筑构造、建筑材料、建筑装饰等方面均不及厅房和正房。为满足采光和通风的需求，设计者会在面向院落内部的檐墙里面开设门窗，两侧的山墙上部开设气窗，并简单装饰，给人简洁、亲切的感受，同时衬托出厅房和正房的高大、华丽，以及其尊贵的地位。关中合院民居的厦房主要被当作厨房、储物室或家庭中晚辈的住所。

陕西省陇县宋家老宅厦房

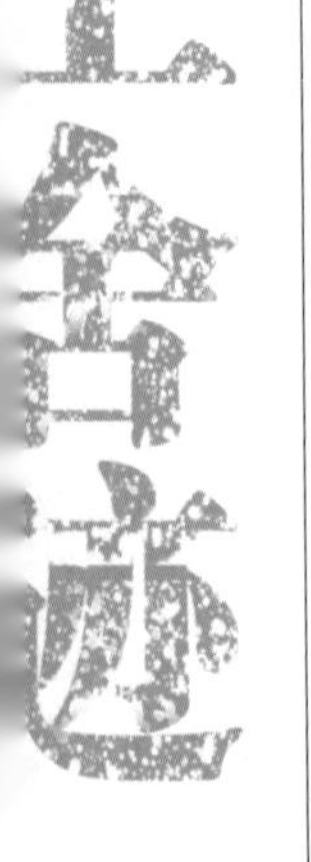

3. 厅房

陕西关中地区的合院民居中，厅房位于整个院落的中心，是前后院落的过渡空间，也是整座院落建筑的灵魂，起到承前启后的作用。它在整个院落中，不但建筑体量非常雄伟，而且不论是建筑本身的装饰，还是室内陈设，都极其精美讲究。厅房在整个院落中与倒座、正房同宽，一般面阔 3~5 个开间，南北方向为全通透开敞设计，但在中心设有可以拆卸的屏门，通常被称为“太师壁”。其上方会用较大的匾额进行装饰，内容以祖训、家训以及各种荣誉为主。由于厅房在关中合院民居中主要用于院落主人举行婚丧仪式和招待宾朋，故在前院的部分通常设有檐廊，且外檐部分全部为可拆卸的隔扇门，当家中举行仪式时可以将门板全部打开甚至拆除，形成一个较大的畅厅，以增大空间，与院落合为一体。在陕西关中合院民居的豪门大宅中大多为三进或三进以上的院落，所以在中轴线上会设两个厅房，将院落的对外接待功能和空间过渡功能进一步优化。居于外部的称为过厅，主要用于接待一般宾客；而居于内部的称为退厅，主要用于接待亲朋好友。两厅之间有宅院相连，俗称“穿堂院”。此院与其他跨院以墙、门相连，形成十字交叉式的院落交通网，以便在其他院落居住的家人和仆人来往各自的起居空间。

陕西省旬邑县唐家大院厅房

4. 正房

正房在关中地区的合院民居中也被称为“里屋”或“上房”，是院落南北走向的最后一座建筑，也是院落中轴线上的建筑主体。正房与倒座、厅房同宽，一般面阔 3~5 个开间，但是其高度与院内其他建筑存在较大差异，通常为整个院落高度最高和体量最大的建筑，是整个院落的核心区域。为增加建筑对人的亲和力，正房装饰较多，但空间围合性与封闭性极高，以此来体现其高大、端庄、肃穆，以及自身所具有的威慑之感。在富商与官宦人家的豪门大宅院中，正房多为双层建筑，第二层多被用于未出阁女儿的闺房或存储贵重物品。这种建造形式不但增添了正房的使用空间，赋予其更多的功能，而且直观地体现出了封建礼制观念中家族的尊卑秩序与尊祖重礼的优良传统。在关中地区的合院民居中，正房通常以“一明两暗”的方式进行划分，即中间为明间、两侧为暗间。其中，明间主要用于祭祀祖先、举行庆典和家庭聚会，暗间则主要用于会见贵客、存放贵重物品，以及家中长辈的日常起居。正房的屋脊为全院最高，与倒座、厅房的屋脊形成层层递进的关系。此设计是实用功能与精神含义的合二为一，既通过提升高度丰富了使用空间，又暗示了“步步高升”“连升三级”（“脊”取“级”之谐音）的吉利之说，形象地表达了人们对家族未来的美好祝愿。

陕西省陇县张家老宅正房

二、“天人合一”的窑洞民居

提起窑洞，不得不让人想起连绵起伏的黄土高原。黄土高原主要分布于北纬34°~41°、东经101°~114°之间的陕西、山西、河南、甘肃、青海、宁夏等省区。在这些地区，至今还保持着人类延续了上千年的居住方式——穴居。它不仅是中华先民们最早的居住形式之一，更是中华农耕文化的传承和华夏文明的延续，承载着千百年来人类与黄土地的深厚情感和与大自然的紧密联系。

“箍窑盖房，一世最忙”，这是广泛流传于窑洞民居分布区的一句民间谚语。陕西关中平原的北部是广阔的渭北高原和沟壑纵横的黄土高原，久居在这里的先民们充分利用天然的地势地貌和黄土地的特性，创造出了窑洞这一独特的民居形式。特别是位于陕西北部的陕北地区（主要包括延安、榆林两个地区），是我国黄土高原最为主要的组成部分，地势西北高、东南低，除长城沿线的风沙带和部分山地外，大部分为50~150 m厚的黄土覆盖层。由于黄土地层构造质地均匀，抗压与抗剪强度较高，在挖掘出窑洞之后，仍能保持土体自身的稳定，加之该地区降雨量较少，为窑洞的营建创造了极好的自然条件。窑洞这一民居形式是技术与艺术的结合，是对土地及自然环境的适应，是人类最生态、最朴实、最生活化的建筑类型。

黄土高原

（一）黄土高原与窑洞民居

1. 黄土高原是在特殊的地理环境和特别的自然条件下，由风尘和湖水相互作用而形成的。黄土颗粒细腻、质地均匀，其孔隙度越小，密实度和干容量就越大，强度也就越

高。窑洞的选址大多是在半山腰和山脚下，因为这些地方多是老黄土的沉积层，再加上其深度造成的高强度，十分有利于建造靠山式窑洞。

2. 从黄土的物理性质来看，黄土的孔隙较多而且较大，抗蚀性较弱。黄土遇水后强度会变弱，体积收缩，出现空隙、裂纹以至于坍塌，这就是黄土的湿陷性，再加上黄土垂直节理的特性，这对于窑洞的选址具有较高的要求。

3. 从黄土的受剪力性能来看，黄土礓石层土壤的抗压、抗剪强度都要比其他黄土层的高，窑洞结构的安全性主要是由土拱的肩剪力来控制的，如果窑洞开凿在礓石层下，会大大提高窑洞的坚实程度。有的窑洞内还增加了木结构，也能够加强黄土层窑洞的抗剪力。

4. 从黄土的分层来看，黄土生成的地质年代的久远程度与其抗剪强度成正比，与黄土的堆积深度成正比。因此生黄土层和马兰黄土层的上层不宜挖窑洞，而比较理想的层位是离石黄土层和马兰黄土层的下层，最为理想的当属离石黄土层。这是因为黄土生成的历史越久远，堆积层越深，黄土就越密实，其黏聚力越大，抗剪强度也就越大。

黄土高原的各种条件，适合窑洞的产生和发展。生活在黄土高原上勤劳的陕北人民经过世代繁衍，在实践中利用黄土地的特性建造窑洞民居，使窑洞民居成为黄土高原一道独特的风景。

（二）窑洞民居的类型及其特点

陕西的窑洞民居沿用传统经验，按照建筑选址与布局形式，可分为靠崖式、下沉式、明箍式三种。

1. 靠崖式

靠崖式窑洞也被称为靠崖窑、庄窑，是在天然的黄土崖壁上（沿山坎、沟壑的坡岸，大多选于北岸向阳之处）开凿成洞。这种窑洞通常为数洞相连、成排并列的单层窑洞，亦有台阶层次强、上下相差的多层窑洞，从侧面看去，犹如一把把靠背椅整齐并列在一起。在靠崖式窑洞的建造中，最为简单的，仅在窑洞口加一道门即成；较为讲究的，则在洞内砌砖拱券或石拱券，或在洞外砌砖或砌石作为护墙，也有在土窑外再接石窑或砖窑的靠崖窑，这种通常称为咬口窑；规模较大的，则在崖外建房，并组成院落，称为靠崖窑院。其中，还有民间称之为“高窑”的，是在靠崖窑洞上方另外挖出的用于躲避和防御的小于普通窑洞的独立窑孔。靠崖式窑洞因挖方较少，施工简便，成本低廉，在经济欠发达的黄土高原地区被广泛使用。

陕西省米脂县姜氏庄园

2. 下沉式

下沉式窑洞，亦称“地坑窑”“天井窑”“平地窑”等，民间俗称“地窨子窑”“八爪子窑”。它大多建在大片的黄土塬上（没有山崖、沟壁可用且黄土层较厚的平坦地带）。陕西省的下沉式窑洞主要建在关中平原与黄土高原的过渡地带，位于咸阳地区三原、永寿、旬邑等县。广阔的渭北高原，一处处下沉式地坑窑洞的民居星罗棋布，分布其中。“上山不见山，入村不见村，只闻鸡犬声，院落地下存，窑洞土中生，车从头上过，声由地下来，平地炊烟起，不见鸡狗光听声”，这就是民间对下沉式地坑窑洞最为生动形象的总结。这种窑洞民居，大都采用简单的地下四合院的形式，一户一院。往往是夫妇和老人住正窑，子女住西窑，厨房、仓库等安排在东窑，厕所、猪圈、出入通道置于南侧，有的院内还有蓄水窖、磨窑、地窖、鸡窝等。窑背（窑顶上部）上有的不种庄稼，而做晒场，院内通常种花植树，亦可养蜂、孵鸡等。下沉式窑洞，节能节地、因地制宜、施工方便、适应气候、融于自然，是既符合生态原则又天然节能的民居建筑形式。

陕西省永寿县等驾坡地坑窑洞

3. 明箍式

明箍式窑洞，也称“土坯拱窑”，是用土坯或砖石砌成拱券窑顶和墙身，券顶用土加以覆盖（厚度 1~1. 5 m）并层层夯实筑成的。这类土拱窑洞亦称之为独立式窑洞，又叫“四明头窑”，属于掩土建筑的一种，有半埋式的，也有建筑在地上的。其俗称“四明头”，是因为前、后、左、右四头（即四面）都不利用自然土体而亮在明处，四面都需要人工砌造。许多人家在窑洞的外部设置有楼梯，可登上窑背(窑顶上部)，将窑背作为晾晒粮食和衣物的平台充分利用，当然也有在此基础之上再建造窑洞的“窑上窑”或“窑上房”。明箍式窑洞是三种窑洞形式中最为高级的一种，也是造价最高的一种。它的院落因采用明箍的建筑方式，能够实现灵活多变，还可以与其他建筑配合使用，组成的院落空间亦可大可小，受地形限制较小。因此可以说，明箍式的窑洞是集合了靠崖式窑洞和下沉式窑洞的优势而又避开了其劣势的窑洞民居建筑形式。

陕西省米脂县扶风寨窑洞

（三）窑洞民居的平、立面形式

1. 平面布局

单体窑洞的总平面一般为长方形或正方形。窑洞按照中国传统习惯，大多以奇数为单位，多修筑三孔或五孔窑，以偶数为单位的四孔、六孔窑较少，意在回避“四六不成材”的俗语。同合院民居正房一样，单体窑洞以中间一孔窑为中心，两边对称分布其他窑。大多数是一排窑，有的也分前后窑。每间窑洞宽约 4 m，纵深约 5 m，高约 3 m，两壁的黄土面被刮切得十分平整光滑，从中间一孔窑的里壁向内开有隧道式的小门，通向一个完全黑暗的小窑洞，那里是储藏粮食等物品的库房。

大多数窑洞的内平面布局主要有两大构件，一个是火炕，有的把火炕设在窑洞最后与窑掌相连，叫掌炕，有的把它设在最前面紧靠窗台的位置，叫前炕或窗前炕；另一个就是灶台。一般而言，锅灶相连，用上好的石料打制方形炉台，石板旋口盖面，其下为炉灶，上置锅，其面称为锅台，用于切菜等。炉灶之火燃烧的烟雾经过炕底后由烟囱而出。由于灶火的烟道通过炕底，冬天可以将炕带热，用于取暖。

陕西省延川县寺村窑洞

陕西省米脂县常氏庄园窑洞

2. 立面形式

窑洞民居的立面是由崖面或墙面和一张张窑脸组合而成，显得生动而活泼。每一张窑脸都成马蹄形状，意为“天圆地方”，这里是窑洞最关键的部位，陕北的诸多民间艺术在这里发挥得淋漓尽致。窑洞的门窗制作极其考究，一般多用柳、杨、榆、椿、槐等木料制作与装饰。门多为双扇，从中间开合，如在一侧则为单扇。多数窑洞的门是镂空的，称为棂子门，但部分窑洞采用双层门结构，内门为实心门，外门为门罩。窗是整个窑洞中最讲究、最美观的部分，按功能可分为天窗、斜窗、炕窗、门窗四大部分。其中的窗棂部分更是讲究，拱形的洞口由木格拼成各种美丽的图案，曲直交错，长短相间，构图或古朴典雅或新颖别致，雕刻有八角楼、十二莲花灯等图案，再经油漆彩绘、麻纸裱糊，显得既干净明亮、保暖透气，又简单节约、美观大方。

窑洞民居所处的黄土高原沟壑纵横，色彩单调。为了美化生活，窑洞的主人们以剪纸装饰窑洞。他们根据窗户的格局，把窗花布置得美观而又得体。窗户是窑洞内光线的主要来源，窗花贴在窗外，从外看颜色鲜艳，内观则明快舒坦，能够产生一种独特的光、色、调相融合的形式美，窗格疏朗，阳光可以自由地透进窑洞内。

陕西省米脂县姜氏庄园主窑立面

（四）窑洞民居的院落构成形式

窑洞民居的院落规模和形式多种多样，但其构成元素大致相同，主要由院落、宅门、正窑、厢窑、倒座、厅窑、仪门七个部分组成，也正是这些基本构成元素和其宏大的规模造就了极具特色的陕西窑洞民居院落。

1. 院落

窑洞民居的院落有四合院、三合院，以及四合院和三合院的组合式院落等多种形式。院落通常是由正窑、厢窑、倒座、厅窑围成的空间，大都呈长方形或正方形，以黄土夯实

米脂县高家大院窑洞院落

或青砖墁地。院落是窑洞民居平面组织的中心，其设置的尺寸在物理作用上要满足各房间的采光与通风的要求。在使用功能上主要是家务劳作、休息聊天、接客待友和烧纸敬神的场所，其重要性与窑洞是相同的。院落中绿化极少，很少种树，种则通常也只是一两棵，多为枣树或果树。院落作为一种过渡性空间环境存在，能够满足人们的心理需求。

2. 宅门

宅门又称门楼，是窑洞民居及院落的“脸面”，是一个家庭、家族的代表与象征，最能显示窑洞主人的形象和地位。所以，人们都会熬心费力来对宅门进行装饰和美化，为窑洞院落争得“脸面”。宅门是院落的出入口，具有交通和闭藏的双重功能。建筑风水学对其方位和朝向有严格的要求，一般设置在院落的东南方位，个别宅门受地势和街巷的影响而另选方位。

窑洞民居宅门的样式通常有两种：一种是石木、砖木结构的两坡硬山式门楼大门，也称为独立式随墙大门；一种是以倒座的拱窑中的一孔为大门，称“洞子门”，为门洞式大门。两坡硬山式门楼大门是窑洞民居中使用最多的一种样式，通常使用在倒座与厅窑的一侧或院墙的中间，单开间。大门的前檐和后檐常用斗拱出挑，或做垂莲柱，额枋、斗拱、柁墩、雀替都会做精美的装饰，或做彩绘装饰，或做雕刻装饰。门额题写宅名，内容丰富，如“武魁”“进士”“大夫第”“福禄寿”“德寿轩”“树德务滋”“清雅贤居”等。门扇通常为黑漆素面，且钉有各种纹饰的铁片，以如意头居多，用于保护门扇和装饰。门洞式大门在陕北窑洞四合院中使用广泛，各具特色，装饰大都比较简单。

陕北窑洞民居宅门

3. 正窑

正窑是窑洞民居的主体建筑，大多建在 0.5~0.7 m 的地台之上，在强调其主体性的同时，还能起到防水倒灌的作用。从窑洞类型看，它属于靠崖式或明箍式窑洞。它是全家团聚和议事的重要场所，也是家中长辈居住的地方。正窑因居住主人的经济条件不同，其形式也不尽相同。其中，耳窑的有无也依据经济条件而定。富者在正窑前建造有檐柱的木构架穿廊，既能遮挡风雨，又能起到装饰作用，还可彰显主人的地位。此种正窑形式在富商聚集的晋中颇多，而陕西窑洞民居大多通常只在正窑的立面上做些简单

陕北窑洞门脸

出檐和一些砖雕斗拱装饰，这种差距主要是由当时地区经济实力不同而导致的。

4. 厢窑

厢窑是窑洞民居院落的重要组成部分，一般用于晚辈居住或作为储藏室等，多为单层，三个开间。其形式或为砖窑，或为砖木青瓦单坡和双坡硬山式厢房，个别的有卷棚式屋顶。厢窑与正窑一样建在台基之上，但高度比正窑略低，台基高度在 0.15~0.30 m 之间，其装饰与正窑大同小异，因受到中国传统礼制思想的影响，以确保院落整体主次分明、变化有序，厢窑无论从规格上，还是装饰上，都比正窑逊色。陕北的窑洞民居合院因受到山西民居的影响，厢窑在诸多地方以合院民居中厢房的形式出现，有砖木单坡和双坡硬山式两种形式，且建筑装饰也与北方合院民居的厢房装饰基本相同，主要体现在屋脊、墀头和门窗等节点部位，其装饰的华丽程度主要由院落主人的经济条件决定。大部分厢窑装饰都比较简单，只有少数富裕家庭会有较为丰富和华丽的装饰，有的还会结合功能建造檐柱穿廊。

5. 倒座

窑洞民居的倒座只建造于合院式的窑洞民居中，大多出现于陕北的窑洞民居。陕北窑洞四合院的倒座，为单层青瓦双坡硬山式木构建筑形式，一般为三开间，大

陕西省米脂县常氏庄园倒座

型院落多为五开间，左右各设一小耳窑，中间三间有檐柱穿廊，檐下有木雕雀替和雕花斗拱做装饰。在檐下形成的长方形空间，既可以遮风挡雨，又能作为做家务活和休息之处。陕北窑洞民居的倒座，临街巷的主要当作店铺，设门开排窗；而未开店铺的只开小方窗，用于采光和通风；位于窄巷里的倒座，为了安全和私密性，大多都不开窗。

6. 厅窑

厅窑（房），是连接前后院落之间的通道枢纽和接客待友的重要空间，主要出现在前后串联式院落中。而在串联式院落中多数以厅房的形式出现，以厅窑形式出现的院落并不多。例如，位于陕西省米脂县的高家大院就是以厅窑的形式出现的院落。其厅窑结构形式极具特点，为三开间单层窑洞；窑顶有别于其他窑洞的夯土平顶，其形式极具特色，为青瓦双坡硬山式屋顶。除此之外，其内部空间也极具特色，是由双拱十字交叉而形成的双拱空间，且横向拱券要大于纵向拱券，窑洞与窑洞之间也是用较小的拱洞相互连接，形成窑窑相连的独特室内空间。

陕西省米脂县高家大院厅窑效果图

7. 仪门

仪门，也称二道门，一般设在二进式院落的前院和后院之间，或上院和下院之间，所以又称为中门或屏门。窑洞四合院的仪门设置了两道门板，人在进入后院过仪门时，必须要先转身绕过二道门，所以又被称为转扇。宋朝司马光在《涑水家仪》讲道："深宫固门，内外不共井，不共浴室，不共厕。男治外事，女治内事。男女昼无故，不处私室，妇人无故，不窥中门。男子夜行以烛，妇人有故出中门，必拥蔽其面。男仆非有缮修，及有大故，不入中门。入中门，妇人必避之。不可避，亦必以袖遮其面。女仆无故，不出中门。有故出中门，亦必拥蔽其面。"可见，仪门是古时规范人们礼仪伦理观念和行为的界碑，明确着家庭成员之间的关系，应和着儒家"中者，天下之正道；庸者，天下之定理"的社会伦理道德之说。正是因为仪门十分重要，在婚丧嫁娶或逢年过节时才能开启，平时不可随意使用，更不可有所损坏。

陕西省米脂县姜氏庄园中的仪门

三、随山就势的居住院落

（一）陕南民居现状

陕南地区因受独特的自然地理环境、历史文化背景、社会因素的影响，传统民居建筑形成了独特的地域风格。陕南民居极具生活气息，质朴、平和、含蓄且不失大气的建筑风格独树一帜。

受不同地域文化碰撞、不同地域建筑风格迥异等因素的影响，民居聚落在一定

程度上反映出的建筑形式和建造特点必然会是多种多样的，陕南地区的传统民居大多呈现出多地域建筑形式融合共生的特点。

（二）陕南民居地域性风格的成因

陕南地区每个区域都有着自己不同的历史沿革和风格成因。陕南地区建筑形态差异较大，同一区域环境也可能拥有不同的建筑形态，例如安康和汉中就有明显的差别。安康因为早期受到荆楚文化的影响较大，大多民居仍然延续了当时的建造特征；汉中多受四川的影响，在一定程度上融合、接纳了巴蜀文化，演变出了不同于安康的建筑风格。再加上历史上的多次移民活动，大量的外来人口迁入陕南地区，尤其是安康和汉中两地，带来了不同的人文文化。这些原因使得这一地区的文化呈现出多元化的倾向。而商洛地区有着秦楚文化融合的特征，受到外来移民的影响较小，所以在大的格局上并没有太多改变，民居、民俗也都基本保持着原来的面貌。

1. 安康地区民居现状分析

安康传统民居主要以夯土民居和明清时期留下来的徽派建筑为主。因受历史上几次大量的移民活动影响，安康地区容纳了不同地区的人文文化和民俗风情，而民居作为一种和地域、人文、民俗紧密相关的建筑形式，受到多种外来文化的影响较大，所以安康各地民居形式在一定程度上有些许不同。安康交通便利，地势平坦，水资源丰富，适宜居住，这里院落多靠近江河，合理利用了自然的地理优势。从建筑形式来看，主要有前店后宅式的居住建筑，以及大量乡间农舍和数目可观的乡间院落。

安康传统民居

2. 汉中地区民居现状分析

汉中地区与四川、甘肃接壤，人文环境受巴蜀文化影响较大。经过长时间的融合和演变，汉中民居的建筑形式主要以四合院为主，也有少数三合院建筑，同时，存在着天井式建筑形式，沿江地区多是干栏式吊脚楼。汉中地势差异大，民居形式和建筑构架在各地区都有着些许不同，汉中地区以前多为穿斗式木构架建筑，后来基本都已废弃，但建筑形式仍然极具特色。汉中地区最具代表性的民居位于宁强青木川古街，青木川民居建筑特点鲜明，因紧邻四川，故有着很多四川民居的特点。

汉中传统民居

3. 商洛地区民居现状分析

商洛地区多以夯土围合式院落为主，洛南尤其多。商洛地区较安康、汉中来说，较少被人们提及，对于商洛地区民居的研究也是屈指可数。商洛地处陕西东南部，因境内有商山洛水而得名。当你身处洛南时，你定会被传统夯土民居古老的面貌所吸引，觉得它们平和而独特，有着自己鲜明的建筑形态特征。除了夯土建筑，商洛还有极富特色的岩屋、石板房、草屋、土坯房，生活气息浓厚，风格质朴平和。

洛南地区夯土民居

(三) 陕南地区民居的构成形式

陕南地区地处秦岭巴山，高山峻岭、沟壑纵横，可供群居的宽敞平地较少。自古以来，除形成了为数不多的集镇居民群体外，人们多是散居，民居星罗棋布，分布很广，少有大村落。这些散落分布的民居点缀着秦巴山地的沟沟壑壑。陕南地区有山坳、河沿和平坝三种地形。根据地势、原料等条件，建有多种形制民居，如石头房、竹木房、吊脚楼、三合院及四合院等。三合院和四合院多建于平坝城镇，石头房多建于镇巴、安康、西乡山区，竹木房多建于城固山区，吊脚楼多建于沿江集镇。

1. 陕南民居的地形类型

(1) 山地类

安康地区多山，传统民居建筑聚落沿河岸呈线状分布。在非平坝地区的河岸与山之间形成了高低落差较大的地形，因此，出现了大量的山地类民居。这些山地民居按接地形态分为“地表式”和“架空式”。“地表式”这种接地形态是在山地建筑中最被广泛使用的一种。在安康传统民居中，山地类“地表式”建筑通过“掉层”(这类建筑由于山地地形高低落差较大，建筑内部接地达到一层或一层以上就形成了掉层)的方式来处理建筑与地形高低落差的关系。“架空式”这种接地形态的特点是建筑与地形局部或者完全脱开，以柱子或建筑局部支撑整个建筑的重量。在安康传统民居中，这一类型多用于临水的建筑，如紫阳瓦房店442号民居。

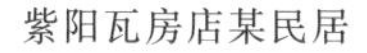

紫阳瓦房店某民居

瓦房店442号民居

(2) 平地类

平地类陕南民居，因为是以平地类建筑的建造手法来处理山坡类地形，所以它的建筑形式与平地类建筑几乎一致。

2. 陕南民居的功能类型

(1) 普通类

普通类民居的功能类型主要为居住及相关功能，其平面功能主要为会客、起居、住宿和餐饮。这类民居一般修建在远离县城的村落或城镇的非主要巷道区域，如卡子镇张家大院、季家坪杨氏宅院、蜀河镇马家宅院等。

旬阳县蜀河镇传统古街

(2) 前店后宅类

前店后宅类的民居主要由商铺和住宅组成。功能类型为商铺、起居、住宿、餐饮。这类民居主要修建在城镇的主要巷道等繁华区域，并将沿街部分作为商铺。这类建筑布局紧凑，户与户之间紧紧相连，为了防火，相互之间设有防火山墙。一般第二层都设有阁楼，主要用于存放货物，如旬阳县蜀河镇中街 37~41 号宅院和紫阳毛坝徐家宅院等。

(3) 会馆类

会馆类建筑是安康民居建筑的一大特色。由于安康地区历史上商业贸易发达，水运交通便利，因此在城镇的商业中心建造了会馆建筑。这类建筑功能主要有祭祀、娱乐、住宿等。建筑平面一般由戏楼、庙宇、住宅组成，个别还有钟楼和鼓楼。会馆类建筑一般都是由外地商会根据本地的建筑风格进行修建的，风格各异，种类繁多。体现在祭祀方面也有所不同，如湖北会馆多供奉“大禹”，江西会馆则是供奉“许真君”，福建会馆多供奉“女天后”。

黄聚兴会馆也称黄家药铺，外形方正呈印盒状，故又称“一口印”，是漫川关明清街上现存最完好的一座历史民居建筑。清朝同治年间，一个名叫黄玉波的商人随着姻亲来到漫川关生活，原计划在这里建“聚义兴”银号，方便南北商客兑换银票和典当贵重物品，所以它与一般民居不同，建筑结构严密，天井上设有防盗贼的天网。黄玉波还计划在隔壁建造用于生活起居的院落，可是，天不遂人愿，由于老家的一场人命官司，他只好将隔壁院卖掉，改变原来计划，办药铺做药材生意，漫川关当地人现在也称黄聚兴为黄家药铺。山西省按察使黄照临是黄玉波的同族叔叔，黄照临告老还乡时经过漫川关，听闻同族侄子在漫川关建房，计划做生意，特意送了一幅写有“业启鸿图”的字匾来鼓励他，匾额题款“例为宗臣兄令郎玉波新建大庆”。但是在“十年动乱”期间，黄聚兴的财产被充公，大匾、楹联全部被没收，直到1980年才被追回，如今仍被挂在黄聚兴会馆内。

旬阳县蜀河镇黄州会馆

黄聚兴会馆

3. 陕南民居的结构类型

(1) 石头房

石头房多建于山区，在镇巴、安康、西乡等山区常见。石头房通常是后墙靠山崖，三边以石头砌墙，屋顶木架上铺以油页石板。这种房因地取势，就地取材，它“土生土长”，全是山石，没有黏结的水泥，却坚固得像铜墙铁壁，展示了人民群众的聪明才智。石板房的优点是造价低廉、经久耐用，它不怕火灾、不畏冰雹，隔音性强。

(2) 竹木房

竹木房多建于产木丰盛的森林区，在南郑、宁强和城固等山区常见。竹木房四壁用圆木垒成，并留有门窗。屋顶用毛竹搭在木梁上，再以竹篾条结成，以蓼叶覆盖。有的人家在横梁上架木，上铺密竹，抹上灰泥，成为顶楼，并在顶楼置火塘，用以炙烤和存放粮食。

(3) 吊脚楼

吊脚楼多建于沿江集镇。吊脚楼以木桩或石头为支撑，上架以楼板，四壁或用木板，或用竹排涂灰泥，屋顶铺瓦或茅草。吊脚楼窗户多向江，所以也叫望江楼。吊脚楼是由远古巢居发展演变而来的。

(四) 陕南地区古镇历史街区的整体现状

陕西省南部地区，处于秦岭山脉南侧，是我国南北文化交融之地。这里的古村镇、历史街区都有着独特的历史风貌，传统的建筑、风俗文化都有着很高的学术研究价值。历史街区是通过长时间的沉淀产生的，是当地民众集体智慧的产物，并且在一定程度上是一个地区长期变化发展过程中的风俗文化和物质文明的集中体现，有着丰富的历史文化遗存，能完整地表达该城镇真实的历史信息。陕南地区的多处历史街区保存相对比较完整，历史街区一般都处于城镇的重要地段。陕南地区各类古镇基本上都有一条历史街区，并且该街区是整个古镇历史上经济发展的核心区域，在当今仍然扮演着重要的角色。由于经济的发展、城市化的加速、旅游业的兴盛，陕南地区的各个古镇都面临着被破坏的危险。陕南地区古镇在进行规划的时候往往对古镇整体环境保护得不够，更多的是对单体文物建筑进行保护，没有扩展至整个历史街区甚至周边环境。古镇应该秉承对城镇中有价值的整个历史文化街区进行保护的原则，才能彰显古镇的历史文化精髓。

商洛某街景

安康石泉老街

陕西省略阳县白雀寺村街景

汉中略阳县铁佛寺村民居

第二节　民 居 装 饰

民居不仅从实用层面上来满足人们的需求，而且也是一种文化的体现，不同时代、不同地域的建筑总是体现着各自独有的特点。民居装饰是中国传统建筑独具风格的一面，不论在建筑的外部还是内部，均会以不同的材质和风格呈现。陕西传统民居的建筑装饰尤其独具特色，其中，关中、陕北、陕南的民居装饰又由于其所在地域的不同呈现出了各自不同的装饰风格与特色。

一、装饰文化内涵

建筑装饰是依附于建筑实体而存在的一种艺术表现形式，是建筑主体造型艺术的发展与深化。装饰是建筑艺术表现的重要内容，对建筑作为艺术的形式出现起着十分重要的作用。在民居建筑中，无论是门窗隔扇，还是檐板栏杆，只要条件允许，人们都力求以精美的装饰呈现。从关中地区到陕北地区，再到陕南地区，人们装饰建筑时不但施以彩画灰塑，而且充分运用了传统的石雕、砖雕、木雕等工艺，结合当地的技艺特色，使民居呈现出丰富多彩的风貌。

建筑装饰作为一种艺术门类，必然反映着文化内容。民居装饰的题材、内容，尽管种类繁多，但归纳起来，主要有以下几个方面：1. 福禄喜庆，长寿安康；2. 怡情养性，陶冶情操；3. 道德伦理，德化教育；4. 风水方位，除凶避灾。总的来说，就是追求平安吉祥，祈望富贵如意。每个民族都有自己的文化，有各种文化观、艺术观、民俗信仰等，不同的民族文化虽存在着差异，但人类一些基本的生理、心理特性，使各民族在观念意识上有一个同样的特点，那就是追求吉祥、幸福，希望一切事物都能朝着对自身有利的方向发展。没有哪一个民族、哪一个人希望事物朝着不利于自己的方向发展。由人们吉祥观念产生的吉祥物或吉祥符号，是在长期社会实践和特定心理的基础上逐渐形成的。将某些自然事物和文化事物视作吉祥的观念信仰，相信这些自然事物和文化事物能够避免灾祸邪祟，获得吉庆祥瑞，因而创造了各种各样的表现形式，指引人们趋于吉祥。

二、装饰工匠技艺

(一) 关中民居装饰

1. 关中合院民居的石雕装饰

石雕是一门传统的建筑装饰工艺。由于石材质坚耐磨、经久实用、防火防潮、受力俱佳，因此多用在建筑物的基础部分。关中民居中运用的石雕装饰大致可分为两类：一类是建筑石材构件中的雕刻装饰；另一类是建筑陈设中的雕刻装饰，主要用于柱础、门枕石、拴马桩等位置的装饰。

(1) 柱础

柱础也被称为磉盘，在关中地区也被称为“柱顶石”，主要用于承受柱子的压力，而且可以使柱子不受潮气，避免天长日久柱子受腐。关中合院民居中的柱础分为两类，一类用于门廊，另一类用于独立的支柱基础。根据这两类柱础形状和外漏

陕西关中民俗博物院柱础石雕　　咸阳市旬邑县唐家大院柱础石雕　　宝鸡市凤翔县周家大院柱础石雕

部分的完整性，雕刻师巧妙地利用浮雕与圆雕的雕刻手法，将狮子、麒麟等祥禽瑞兽和回纹、云纹、海水纹、卷草纹等图案、符号雕刻其中，以表达院落主人对吉祥平安、子孙绵延的向往，展现院落所具有的民俗特色和地域特色。

（2）门枕石

门枕石是我国传统民居中位于大门底部，用于支撑门框和连接门轴的石质构件，有方形和圆形（抱鼓石）两种类型。它不仅可以承受和平衡门扇的重量，强固门框，还由于其所处位置的特殊性，通常被精美地雕刻装饰。在关中合院民居中，依据主人身份和地位的不同，门枕石的形状也有所不同（用石狮门枕石的主人地位最高，其次为圆形门枕石的主人，再次为方形门枕石的主人），门枕石分别位于大门和院落其他门的两侧，通常采用圆雕和浮雕的手法，将狮子、麒麟、仙鹤等祥禽瑞兽与“博古图”、回纹等图

韩城市党家村合院民居
门枕石石雕

陕西省旬邑县唐家大院
门枕石石雕

陕西米脂窑洞民居
门枕石石雕

案、符号以精湛的技艺雕刻其中，彰显着院落主人的社会地位，以及对祥瑞降临和健康长寿的期盼。

(3) 拴马桩

拴马桩是我国北方独有的民间石雕艺术品，也是关中合院民居中特有的装饰艺术，特别是在陕西关中渭北高原地区尤为密集。它原本是过去乡绅大户等殷实富裕之家拴系骡马的实用条石，以坚固耐磨的整块青石雕琢而成，一般通高 2~3 m，宽厚相当，约 22~30 cm，分为桩头、桩颈、桩身、桩根四个部分，桩头部分又有五层工、三层工及二层工等工匠技艺。常栽立在民居建筑大门的两侧，成为民居宅院建筑的有机构成。拴马桩和门前的石狮一样，既有装点建筑、炫耀富有的作用，同时还被赋予了辟邪镇宅的意义，人们称它为“庄户人家的华表”。关中合院民居，对拴马桩的装饰尤为讲究，通常在桩头和桩颈两个部分进行精美装饰。桩头以圆雕的手法，选择人物、神话故事、动物形象之一为主要图案并将其雕刻出来。桩颈一般为上圆下方，以浮雕的手法将莲瓣、

陕西关中民俗博物院拴马桩石雕

鹿、马、鸟、兔、云、水、博古等图案雕刻装饰。关中民居的拴马桩装饰将圆雕、浮雕、线雕融为一体，不仅雕刻工艺精湛，还具有浓烈的地域特色。

（4）上马石

上马石，起源于秦汉，是古代人上、下马匹的重要器具。关中地区的合院民居中，拴马桩和上马石是大门外通过石雕艺术所展现的功能性装饰物，两者在门外也常常同时出现。诸多大户人家通常在宅院门前设置两块巨石，一块为上马石，另一块为下马石，而下马石又因语言禁忌，故统称为上马石。宋代《营造法式·石作制度·马台》载："造马台之制：高二尺二寸，长三尺八寸，广二尺二寸。其面方，外余一尺六寸，下面作两踏。身内或通素，或迭涩造；随宜雕镌华文"。关中民居中的上马石同样是一个具有两步台阶的石头，第一步高约 30 cm，第二步高约 60 cm，上马石为陕西所特有的青石所制，重达 500 余千克，并采用线雕及浮雕的手法对其四周进行吉祥纹样的雕刻装饰，以显示院落主人的显赫地位和美好寓意。

拴马石

陕西省凤翔县马家大院上马石石雕

各种石雕装饰

2. 关中合院民居的木雕装饰

木雕装饰是我国传统装饰艺术中的一个重要类别，因为其易于加工，所以在我国传统民居中被广泛使用。砖木结构是我国传统民居中的一大特点。其中，木构架除了相互支撑的实用功能之外，还有着美化建筑的装饰作用。木雕在关中民居中主要用于门、窗、梁架、门簪、匾额等部位的装饰。民间工匠常常会根据装饰部位的不同而采用不同的工艺和技法，如在房架等较高、较远的部位，常采用镂空雕法，外表简朴粗犷，适宜远观；而在门、窗等较低、较近的部位，则采用浅浮雕和圆雕的手法，来展现木雕的精湛工艺与富贵华丽。

陕西省扶风县温家大院裙板木雕

关中木门

西安市北院门高家大院楹联木雕

(1) 门窗

在关中、陕北、陕南的合院民居中，门窗均为木质，因此，门窗便成为木雕装饰的主要载体。对门窗的装饰不仅用料考究，还受各种因素的影响，主要是对门窗窗棂、攒斗、裙板、绦环板四个部分进行雕刻装饰，例如，陕西省扶风县温家大院三进院窗户绦环板上雕刻麒麟和蝙蝠图案的装饰，厅房窗户绦环板上雕刻“暗八仙”图案的装饰，这

陕西省旬邑县唐家大院窗棂木雕

砖雕

些木雕装饰不仅寓意着荣华富贵、子孙贤德和兴旺发达，还蕴含了“孝道”这一中华民族传统美德。

(2) 梁架

关中的传统民居均为砖木或土木结构建造而成，尤其是屋顶的抬梁式木构架结构均由木材榫卯组合而成。因此除门窗以外，梁架是木雕装饰运用最多的部分，主要运用于雀替、额枋、抱框、斗拱、牛腿等构件的节点部位。它们以浮雕、圆雕和镂空雕的形式为主，将寓意富贵、美好、吉祥的图案雕刻其中，既满足了这些构架的基本功能，还将宅院主人的营建思想和人文意蕴通过这些精美考究的木雕装饰酣畅淋漓地展现出来。例如，韩城市党家村民居中额枋上雕刻蝙蝠、鹿、牡丹等图案的装饰；陕西省旬邑县唐家大院大门额枋上雕刻龙、蝙蝠、卷草纹等图案的装饰；关中民俗博物院崔家槐宅

关中民居博物院额枋木雕

韩城市党家村传统民居额枋木雕

院大门额枋上雕刻麒麟、喜鹊等图案的装饰；陕西省扶风县温家大院二进院廊房斗拱上所采用的龙和凤的装饰，二进院廊坊横梁上牡丹和蝙蝠纹样的装饰。这些装饰不仅形式多样、雕工考究，还寓意着美好、富贵、吉祥。

(3) 门簪

门簪是将安装门扇上轴所用连楹固定在上槛的构件，主要起到加固的作用。关中合院传统民居中，大门按照等级和主人身份地位分为广亮大门、金柱大门、如意门等大致六种类型，在大部分民居的大门上均设有门簪。例如，陕西省扶风县温家大院的大门以及三进院的院门上的门簪，以圆雕形式为主，通过牡丹以及含苞待放的莲花图案装饰，表达富贵和谦逊之意。

韩城市党家村合院民居门簪木雕

(4) 匾额、楹联

匾额和楹联是中华民族独有的民俗文化瑰宝。几千年来，它把中国传统文化中流传的词赋诗文、书法篆刻与建筑艺术有机融为一体，集书、印、雕、色于一体，因凝练的诗文、精湛的书法和深远的意蕴成为中国传统建筑的一朵奇葩。关中合院民居中的匾额和楹联按材质来分有木质、石质和砖质，但大部分为木质。它们常以蓝底金字、金底黑字和黑底金字的形式将各类经典文字雕刻其中。例如，韩城市党家村传统民居中大量出现的“进士”“文魁”“登科”“耕读第”等匾额装饰；陕西省旬邑县唐家大院“北堂日用”“博雅简至”等匾额装饰；西安市北院门高家大院“受荫祖先须善言善行善德，造福子孙在勤学勤俭勤劳”等楹联装饰。这些匾额和楹联对关中合院民居既起到了较强的装饰作用，同时又达到了画龙点睛的艺术效果，使整个关中合院民居生机盎然、意境深邃，置身其中不禁让人浮想联翩。

韩城市党家村合院民居匾额木雕

3. 关中合院民居的砖雕装饰

砖雕又被称为“硬花活”，是极具中国特色的雕刻技艺，历史悠久。它刚中带柔、柔中有刚，既有石雕刚毅坚固的质感，又有木雕精琢细磨的特性，特殊的材质属性和匠人的丰富想象力使它在技术和艺术上得到了有机的统一，既有独立的观赏价值，又能和建筑融为一体，营造出更具影响力的人文环境。砖雕装饰在关中合院民居中常以多样的形式和手法表达，匠人们运用丰富的想象力和表现力，化俗为雅，或明示，或暗示，以景寄情，庄重典雅，使砖雕具有浓厚的生活趣味且蕴含着丰富的哲理和思想内涵，体现着宅院主人的人生观、道德观、文化修养和审美情趣。砖雕主要用于屋顶、墀头、影壁等部位的装饰。

(1) 屋顶

在关中合院民居中，砖雕通常被用来对屋顶的屋脊、宝顶、脊吻、瓦当、滴水五个部分进行装饰。屋脊是我国传统砖木建筑中屋顶相对的斜坡或两边之间顶端交汇所形成的线。在我国传统建筑中，顶主要分为悬山、硬山、歇山、庑殿等 12 种形式，不同形式的屋顶在屋脊的数量和装饰上也不尽相同。关中合院民居除厦房为硬山式单坡顶以外，其余均为硬山式双坡顶，分别有 3 条和 5 条屋脊。这些屋脊的装饰方式主要有砖砌并用灰塑深浮雕图案和小青瓦堆砌二方连续图案两种。宝顶是正脊中央的砖雕装饰，在我国传统建筑的寺庙、宫殿中较为多见，而在关中合院民居中仅有少数民居有宝顶装饰，通常运用宝瓶、宝塔等造型，且形式也较为简单、朴素。脊吻亦称“鸱吻”，是屋顶正脊两端和垂脊末端的砖雕装饰。通常将“鸱”以圆雕的手法进行雕刻装饰。其中正脊脊吻的装饰有“望兽”与“正吻”两种形式，关中合院民居正脊的脊吻绝大多数为“望兽”，仅有少数富商与官宦的大宅院

关中民俗博物院孙丕扬宅院屋脊砖雕装饰

以“正吻”来象征院落主人高贵的地位和出身。瓦当和水滴是屋顶所覆盖小青瓦末端的砖雕装饰，一般以浅浮雕雕刻“蝙蝠”“兽面”等图案来进行装饰。

(2) 墀头

墀头俗称“腿子”，是房屋两侧山墙顶端经过砖雕装饰的墙头。在关中地区的合院民居中，墀头是砖雕艺术装饰较为丰富和精美的部位，特别是集中在山墙端头的墀头，堪称关中地区合院民居一绝。它的结构主要包括上身、下碱、盘头三个部分，其中盘头通常是砖雕艺术装饰的重点部位，通常将“喜鹊登梅”“狮子绣球”“玉堂富贵”等吉祥寓意的图案通过浮雕或透雕的形式进行雕刻装饰，而上身和下碱部位则多用“云纹”“回纹”“卷草纹”等图案符号以二方连续的构图手法进行雕刻装饰，展示宅院主人对福禄寿喜和富贵平安的美好生活的向往。

墀头砖雕装饰

陕西省旬邑县唐家大院
墀头砖雕

陕西省凤翔县周家大院
墀头砖雕

(3) 墙壁

墙壁在民居建筑中是人们划分和利用空间的屏障。我国的传统民居根据墙壁位置的不同又可分为山墙、槛墙、檐墙、女儿墙等12种类型。因视觉效果和民俗风情及审美习惯的差异，人们通常在不同位置的墙体上以不同内容和形式的砖雕艺术进行装饰。在关中地区的合院民居中，砖雕主要在照墙、山墙、看墙、槛墙四种墙壁上进行雕刻装饰。照墙是民居大门里或外与大门正对且保持一定距离的墙体，用来调节空间与观瞻，又称“照壁”“影壁”和“萧墙”。在关中的合院民居中，照壁位于大门内部与大门的直对处，多在东侧厦房的山墙上，是院落中比较讲究的辅助构件，通常以浮雕的形式将“麒麟”“蝙蝠”“牡丹”等寓意美好的祥禽瑞兽和花卉草木图案雕刻其中，且图案精

乡土舍迹

关中民居中的看墙砖雕装饰

美，雕工考究。山墙是房屋两侧的外横墙。由于关中合院特殊的院落布局，院落中山墙较多，大部分山墙都会用文字符号、花卉草木、祥禽瑞兽等图案进行简单的砖雕装饰。看墙是关中合院民居中特有的墙体，由于关中院落结构的特点，在院内会形成较多墙体，看墙一般位于两座建筑中间或院门两侧，为使院落装饰更加精美，通常会以浅浮雕雕刻花卉草木和祥禽瑞兽图案进行砖雕装饰。特别是陕西省扶风县温家大院二道门的看墙装饰，就内容的丰富程度和雕刻技艺的精湛程度上来说，在整个关中地区乃至全国都极其罕见。槛墙是屋门两侧隔扇窗窗台下部的矮墙。在关中合院民居中，槛墙由于位置、尺度等，装饰一般都较为简单，大多以多边形砖拼接与边缘简易纹样结合的手法进行装饰。

(4) 神龛

神龛是关中地区合院民居中供奉“土地神”“财神”“灶神”的神位。在这一地区的传统民居中，由于受到地域民俗文化和信仰的影响，几乎每家每户都会设置神龛来供奉神灵，其中，“土地神”神位在所有神龛中尤为讲究和抢眼。它一般设于大门正对的山墙、影壁，以及大门内侧的侧墙上，以深、浅浮雕相结合的手法，运用祥禽瑞兽、花卉草木等图案雕刻而成，雕工细腻且装饰考究，虽然通常尺度较小，却显得更加别致。

陕西省旬邑县唐家大院神龛砖雕

(二) 陕北民居装饰

1. 陕北窑洞民居的石雕装饰

陕北石雕源远流长，历史悠久。其写意的造型、流畅的线条自成一脉，在中国传统石雕艺术中占有重要位置。目前发现陕北最早的石雕是 1981 年出土于延川县延水关镇王家塬村的一把带肩石斧，其造型对称，做工精细，具有较高的艺术价值。另有洛川县石泉乡东村出土的石环，同样体现出较为完美的构思和高超的雕刻技艺。这两件石雕作品都是新石器时代龙山文化的遗存，距今 3500 年~5000 年。

陕北黄土高原因其特殊的地质条件，盛产绿砂岩和灰砂岩，其质地比花岗岩要软，质地细腻，较容易雕刻，在陕北窑洞民居中，石雕装饰主要通过门枕石、柱础石来呈现。

(1) 门枕石

门枕石是紧挨墙体、立于大门两立框之下的石墩，在结构上起加固门框的作用。在陕北的窑洞民居中，通常对露在门外面的基石部分进行雕饰，或者雕刻成圆鼓形的抱鼓石。讲究一点儿的大户人家，抱鼓石雕刻得都非常精巧。鼓上雕刻两只立狮，鼓侧饰有“兽面衔环”图样，鼓面雕刻最为丰富，常见的主题有“二龙戏珠”“二狮滚绣球”“麒麟”“蝙蝠”等。须弥座是石鼓的底座，基本采用浅浮雕的方法，在它的各个部分都附有不同的石雕装饰，雕刻内容在各家略有不同，少数人家在须弥座的束腰部分雕有角兽或花柱。角兽的主题多为狮子、猴子等。

(2) 柱础石

陕北窑洞民居的厢房与倒座建筑是多以木柱为竖向的支撑结构，为了防止柱脚被湿腐蛀蚀，下端常设石质基础。虽然在尺度、体量上有高矮、大小之分，石质有花岗岩、砂岩或石灰岩之别，但形状都与其上部的柱形协调一致。柱础石的雕饰面是连续的，或是圆形，或是方形，或是六面体，表面都雕刻有花纹。简单的柱础石只做成基石，讲究一点儿的大户人家做成须弥座、裙袱和鼓的形制。裙袱的处理方式和抱鼓石的手法基本一致，裙面刻有夔龙，周边饰有“富贵不断头”的连续纹样作为装饰。

陕北窑洞民居门枕石石雕装饰

陕北窑洞民居柱础石石雕装饰

(3) 其他

陕北窑洞民居中还有着相当数量的石雕艺术，表现在石牌楼、饰墙、石窗、山花及拴马桩上，均体现出粗犷、豪放的气质，蕴含陕北独有的艺术特色。

2. 陕北窑洞民居的木雕装饰

陕北窑洞民居的木雕装饰将木雕技艺与窑洞建筑构架、构件有机结合，为丰富建筑空间形象对木制材料进行雕饰加工，是建筑内外环境装饰中的一种重要装饰形式与装修处理手法，是一个民族世代相传、长期积累下来的文化成果。它依附陕北窑洞特有的建筑环境，极具当地民风民情，雕刻质朴、内容丰富。木雕装饰作为陕北窑洞民居装饰的一部分，一方面有装饰美化建筑的作用，另一方面有寓意、象征和祈愿的含义，以直观的形象表达非物像本身意义的内容，其艺术特色和美学意蕴根植于中国传统文化和审美观念之中。在陕北窑洞民居中，木雕装饰通常以混雕、线雕、透雕等方式通过门楣、匾额、门窗等载体来表现。

（1）门楣木雕

大门外的门柱上部，精致华丽的木雕雀替，镂空的花雕额枋、斗拱，构成了精美别致的门楣装饰，与沿街倒座房屋的青水砖墙形成了鲜明的对比，更加突出了建筑入口部分的美观。

陕北窑洞合院门楣木雕装饰

a. 雀替

雀替是梁和阑额与门柱交接处承托梁枋的木构件，用来增加梁头的抗剪能力，减少梁、枋的跨距。陕北窑洞民居对雀替的装饰雕刻，可谓用心良苦，处理手法有平面雕刻、镂空雕刻，常用的主题图案有“凤凰戏牡丹”“大海出扶桑”“生命花瓶”等。

米脂县杨家沟额枋木雕装饰

b. 额枋

陕北窑洞民居对额枋的装饰相当精细，常以镂空雕刻或彩绘的形式出现，其纹饰有的以“卍”字符的连续纹样雕刻装饰，有的以四艺图雕刻装饰，有的则以花卉草木图案雕刻装饰。而涂饰彩绘是为了更好地保护木料，凸显装饰的精致华丽。

c. 斗拱

斗拱属于中国古代木结构建筑中一种独有的建筑构件，用来承托挑出屋檐的重量，通过斗拱的承托，渐次将力传递到下面的柱子上。斗拱是门柱与屋顶间的过渡部分，同时，它还兼有一些装饰作用。若是比较重要的建筑，如华贵的阁楼与殿堂，必然要安装斗拱。陕北窑洞民居中，门楼、厅窑、厢窑（房）等部分建筑结构会运用大量的斗拱以起到重力传递的作用，而这些斗拱也会以线雕、透雕、圆雕的工艺赋予陕北窑洞民居精美的装饰。

（2）门匾题刻

在门匾上题刻，是中国传统建筑的一个重要特点。用文字艺术表现建筑，用语言文学装点建筑，义理深邃，意境深远，是建筑装饰的一种重要方式。在门匾上以什么书体雕刻什么内容，是中国人十分讲究的，它往往是一个家族精神的外化。陕北窑洞民居的门匾题刻名目内容非常丰富：或显要门第，如“武魁”“进士”“大夫第”“功同良相”“骑尉第”；或家传古训，以警后世，如“忠孝传家”“诗书门第”“践道履仁”；或取意吉祥或为向往追求，如“福禄寿”“德寿轩”“树德务滋”“清雅贤居”“安乐居”。

门匾题刻的内容蕴含着文学性、哲理性、社会性、艺术性，是中国风俗文化的内涵表现，用这样的方式装饰民居建筑，是中国传统建筑在美学经验上的独创，也是陕北窑洞民居所拥有的文化艺术特色之一。

(3) 门窗

门窗是人们接触最多的建筑部位，也是陕北窑洞民居中最为考究的木雕装饰部位。在陕北窑洞民居中，木雕装饰主要通过门扇、门簪等构件来展现。

窗饰

a. 门扇

门扇是门的启闭构件，也是大门本身最重要的部分。在陕北民居中，门扇都是用木板制成，一扇门扇至少有 60 cm 宽，因此不可能由一块完整的木板制成，需要由几块木板拼合而成。门扇拼合的办法就是在门板后面加上几条横向的木条，用铁钉由外向内将木板和横木固定在一起。为了保证铁钉的美观，就出现了我们能看到的大而光滑的、排列整齐的“门钉”。

窑洞民居门窗木雕装饰

窑洞窑脸

b. 门簪

门簪，也被称为“固扇”，是大门上方中槛突出的簪头，其功用是连接中槛与连楹，牢固连接门杠，以固定门扇转轴，并兼有装饰作用。在陕北民居的大门上，门簪一般皆对称布置，外观被做成圆、方、多瓣等形状。有的民居的门扇比较宽大，例如神木市的白家大院，在门的上、下两头包以铁皮以增强门板的横向连接力量，就连这小小的铁皮，也被工匠们雕刻图案，细心装饰。

c. 铺首

铺首，被安置在门扇中央、适宜人手操作的高度上，是供来人叩门之用，也是主人锁门的实用性装饰构件。民居中的铺首常为铁制或铜制。铺首的制作图样除了常用的“兽面衔环”外，还会用“五福捧寿”“日月同辉”等花饰纹样的图案。

陕北民居的门窗形式是拱形门连窗的形式，做工精细。门窗木格图案的繁简程度与窑的主次划分有关系，正窑的门窗格饰是最复杂的，也是最讲究的，其他窑面的门窗格饰相对简单，例如米脂县姜氏庄园的门窗雕饰特征比较明显，正房门窗有木雕的“枪头梅花格”“三交嵌石榴”“盘长”“寿”“双龙戏珠”等，厢房门窗木雕相对简单，仅有斜交叉纹、方格纹等。

3. 陕北窑洞民居的砖雕装饰

砖雕起源于北宋。现可考有方若（字药雨）所收藏（后归中国历史博物馆）的《北宋涤器画像砖》《北宋烹茶图画像砖》《北宋结发画像砖》《宋代丁都赛画像砖》等。砖雕的发展缘于建筑的装饰需要，先是墓室，后是殿宇、住宅、园林等。它是模仿石雕而出现的一种雕饰类型，比石材质地软且轻，易加工成型，因其经济性被广泛用于民居建筑装饰。在陕北窑洞民居中砖雕主要被用于脊饰、吻兽、瓦当、滴水、墀头、影壁、神龛等部位。

(1) 脊饰

脊是民居屋顶上两个坡面顶相交而产生的高端的接合部和分水线，具有稳定房屋结构、防止雨水渗透的功能。除此之外，它还有协调房屋体量、增强建筑高度的视觉审美功能。脊端是以砖、瓦封口，为了避免长长的屋脊线带来的单调感，屋脊自然而然地就成了户主、工匠们乐此不疲的装饰部位。陕北当地称之为“五脊六兽排三瓦，倒插飞檐张口兽”，对脊饰装饰的繁简、精细程度也能够反映出户主的社会地位和经济实力。牡丹、莲花、蔓草、云纹，以及几何图案等纹饰常常是陕北窑洞民居屋脊砖雕的主题形象。

窑洞民居屋脊砖雕装饰

（2）吻兽

吻兽是安放在正脊两端的兽形装饰物。我国传统古建筑在等制规模上有二至九样，八种规格。在等级较高的建筑中，这种装饰物被称为正吻，是张口向内的龙形，在等级较低的建筑中，才被称为兽吻或吻兽，兽头向外。吻兽，本是建筑结构的一个部分，有防火之用。在古建筑建造过程中，一旦雕刻完吻兽，就表示整座建筑从底部到顶部全部完成。据陕北当地居民介绍，吻兽还有显示官位身份的表达作用，即做官的人家，官位达五品以上，脊兽张口；五品以下，则为闭口兽。在陕北的窑洞民居中通常在院落中单坡或双坡顶的建筑正脊两侧以吻兽进行装饰，用来防火镇宅。

(3) 瓦当

瓦当指的是屋面筒瓦最下端的一个防水、护檐构件，同时它还兼具装饰作用。有的也用在墙体檐口上。陕北窑洞民居中的瓦当形式单一，其雕饰图案以虎头、狮头饰样为主，少数刻有花饰图案。

窑洞民居瓦当砖雕装饰

(4) 滴水

滴水是安放在屋面青瓦最下端出檐处的一种排水构件，形似下垂的如意形舌头。在陕北窑洞民居中，通常以花卉图案对其进行装饰。

(5) 墀头

墀头专指房屋两山墙或大门两侧悬挑在外、经过涂饰的墙头。民居中墀头的装饰感和雕饰感极强，在门楼中是比较抢眼的装饰构件之一。实际上，墀头在建筑中有着不可忽视的结构功能——承重、传力。墀头用砖砌成，根据陕北窑洞民居中墀头的形式，可分为戗檐、盘头、上身、下碱四个部分。戗檐，微向前倾斜，表面上贴有一块方砖，是墀头的重点装饰部位，上面雕饰的都是具有象征意义的图案，如“狮子滚绣球”“松鹿竹鹤”“双福捧寿”“大海出扶桑”“喜鹊戏石榴”“富在眼前”“福如东海寿比南山”等。墀头局部尺度的长短各家各户都有差异，有实力的人家还在（叠波式挑砖的）盘头下部继续做雕饰，而且做工还相当精细，宛如建造的小房子一般，细看饰有滴水瓦当，四角上翘，叠层刻有莲花花瓣、“富贵不断头”连续纹样、蔓草纹的图案，中部主体三面雕刻，装饰图案内容多是寓意福禄祯祥、子孙兴旺、富贵显荣的美好愿望。

窑洞民居墀头砖雕装饰

(6) 影壁

影壁的造型可分为三部分，即壁顶、壁身、壁座，这里主要讲其砖雕装饰。壁顶的作用和房顶一样，一是作为墙体上面的结束，二是伸出檐口以保护壁身。虽然壁顶面积

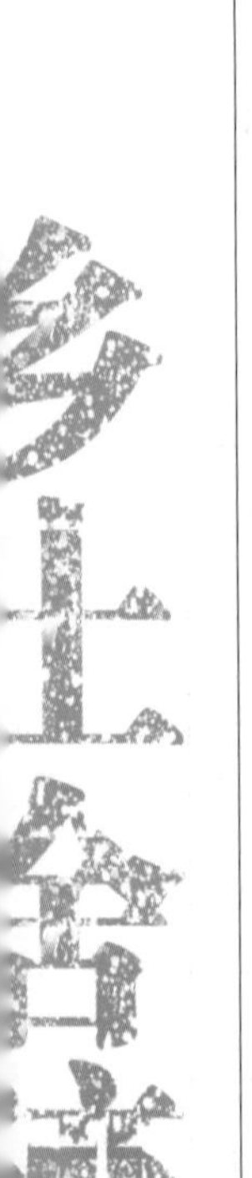

不大，但上面依然铺筒瓦，中央有屋脊，正脊两端有脊兽，檐口以下有椽子和斗拱，具有与房顶一样的结构及其装饰；壁身是影壁的主体部分，占整座影壁的绝大部分，是装饰的重点部位。从装饰的布局来看，多集中在中心和四角上，也有整体满铺素面砖的。从整体装饰的内容来看，陕北窑洞民居的影壁，主要有植物花卉、祥云、富捧寿、各种兽体、几何纹样、象鼻砖雕斗拱等，题材广泛，内容丰富。而所用的题材也多和建筑的背景内容有关。不管何种纹饰组合，大多是寄予户主美好的愿望，或是叙述故事，或取吉祥寓意。

(7) 神龛

陕北的窑洞民居中，几乎家家都供奉神龛，一般供奉在院落大门过道的侧墙上、影壁壁身的正中心或窑脸两窑口之间。神龛尺度不大，但造型大多比较讲究，雕工装饰精细，宛如一个缩小比例的建筑模型。神龛里面供奉的是土地神，在陕北，祖祖辈辈都是面朝黄土背朝天，依靠土地为生，粮食就是老百姓的命根子，再多的神灵庇护都不如土地神实际，“庙小神通大”，所以各家各户都热诚地供奉土地神，祈望来年有个好收成。

窑洞民居神龛的砖雕装饰

4. 剪纸与农民画

陕北剪纸与农民画是陕北窑洞民居中较为典型的装饰品，与窑洞民居环境相得益彰。

陕北的剪纸自古流传至今。早在唐代，大诗人杜甫为躲避安史之乱，逃到今天陕西省洛川县的时候，就曾经写下“暖汤濯我足，剪纸招我魂”的诗句。

陕北民间剪纸意象神秘，线条流畅圆润，颇具汉画像石艺术风格与大唐王朝盛世繁荣的雍容大气，并富于人情味与生活情趣。陕北剪纸因其原生态的艺术特点和蕴含古文化的研究价值，被国内学术界称为“文化活化石”。剪纸内容主要有日常劳作、家禽牛羊、花鸟虫鱼、生活禁忌、老汉娃娃、神话人物、戏文故事、民俗文化等。剪纸艺术的表达融入了剪纸艺人的情感、理想与追求。

剪纸也是陕北一项重要的民俗活动。丰富的民俗事象，为剪纸提供了充分自由的创作天地。民间剪纸与各地风俗习惯密切结合，蕴含着民族精神和民族心理，是民族传统文化的有机组成部分。岁时节令、居住、服饰、诞生成年、婚葬、寿筵等，都在剪纸中有所反映。

陕北剪纸做装饰

陕北民间剪纸的体裁格式，根据各地民俗与实用需要因物、因事制宜。最常见的是窗花，它的大小根据窗格来定。陕北一带窗格有菱形、圆形、多角形等样式，窗花也随窗而异，小的寸许，精致灵巧，稚趣横生；大者有四角、六角、八角呼应的“团花”，素雅大方。而现今，民间剪纸在陕北是一种极其普遍的群众艺术。上至年过花甲的老大娘，下至稚气未脱的小姑娘，都能借助一把小小的剪刀或刻刀，弯曲自然、运转灵活地在纸上镂空剪刻成花样，装点出独具一格的生活环境，并形成陕北窑洞民居的氛围特色。土黄色的窑洞配以色彩艳丽的窗花和各式图案，寓意着吉祥如意。

除了剪纸以外，在这片黄土地上，还流传着完全不同的艺术形式，那就是陕北的农民画。从技巧、风格来看，陕北的农民画里洋溢着热情奔放的色彩，加之繁复密集的线条与图案，更叫人感到炫目。从内容来看，陕北农民画是写实且夸张的，充满着离奇的想象力。在陕北农民画里，窈窕女子与老黄牛，毛驴车与大树一并出现，毫无规律但又和谐地构成一幅画面。写实的造型往往加以夸张、强烈的设色，老母鸡与凤凰都是五颜六色的，毛驴不但有黑的，还有红色的，牛和马都是彩色的……

陕北农民画

对夸张色彩的运用正是陕北人满腔热血与激情的释放。如果说中国传统水墨画是感悟与境界的陈列，那么，陕北剪纸和农民画则浓缩了最为原始、最为炽热、最为真诚的生命意识，从中我们可以感受到生命的原始冲动，感受到不可阻挡的、古老的生命之美。这番强烈的色彩与艺术形式在质朴的黄土高原上，在天人合一的陕北窑洞民居中成为民居装饰浓墨重彩的一笔。

陕北民居装饰构件中除了石雕、木雕、砖雕、剪纸与农民画，还有其他材质的装饰，比如以水泥制成，采用类似于面泥制作手法的用来辟邪的装饰物，这些装饰都体现了人们精神上的追求。

陕北民居装饰

（三）陕南民居装饰

陕南民居中建筑装饰手法的主要类型有石雕、木雕、砖雕、灰塑、粉绘等。民居中的建筑雕刻在民间也被称为“三雕”，即砖雕、石雕、木雕，从传统观念到具体雕刻手法都有着自己的特点。灰塑在民间又被称为“灰批”，是用石灰、麻刀、纸浆和铁丝等塑制而成的饰件，常用于屋脊、檐下、门楣窗框及亭台牌坊等部位。灰塑可以制作成多层浮雕或者圆雕，涂上鲜艳的色彩后，艺术效果更接近于陶塑。由于制作方便，它在民间的建筑装饰中被广泛运用。

古路坝天主教堂

古路坝天主教堂是全国四大天主教堂之一，它位于陕西省城固县南董家营。清光绪十四年（1888），意大利神父安廷相任汉中教区首任主教，他计划把主教堂设在古路坝村，并开始征地修建。光绪十九年（1893），意大利神父拔士林接任主教后，聘请米兰传教士利克奥负责设计修建，先后经历了 30 余年，建起了主教公馆、大小教堂、小公馆、修道院、育婴堂、老人院、拉丁学校、碾坊、油坊等共计 505 间房屋，成为当时西北五省最大的天主教堂之一。整个建筑群设计因地制宜，构思巧妙，风格独特，由中国优秀的工匠施工修建，用料考究，建造工艺高超，具有很高的历史价值和艺术价值。经过多年的战乱，大教堂、三角院、钟楼和老人院等大部分建筑已荡然无存，现仅保存有主教公馆和修道院。主教公馆是由大门、正堂、东西厢房组成的“回”字形封闭式院落，南北长约 66 m，东西宽约 50 m，为砖木结构建筑，原是主教和神父居住的地方。修道院位于主教公馆北侧 50 m 处，为“回”字形院落，长约 70 m、宽 50 m，建筑形式基本与主教公馆类似，院子南北两侧为悬山灰瓦顶砖木结构的两层楼房，北侧的楼房为重檐结构。

古路坝天主教堂呈四合天井形，正北是大堂，就是做礼拜的地方，南边是大门，东西侧是神父的生活用房和其他用房，中间院子有 400 m^2，现在被用来种菜，整个建筑有上千平方米。大殿十分气派，雕梁画栋，飞檐走兽，连青砖上都雕有花草飞禽，门口巨石圆柱巍然耸立，顶棚是用木板镶嵌成方块形的格子，上面有精致的人物、花草图案。

虽然这些雕刻被岁月和风雨侵蚀，油漆剥落，色彩也已不再绚丽，但整体依然显得雄伟大气、古朴典雅。栩栩如生的飞禽走兽图案以及绝妙的构图，无不叫人对百年前能工巧匠的高超技艺拍手叫绝。古路坝天主教堂的建筑很特别，中式的雕梁画栋，西式的百叶窗，20余间东西厢房遥遥相对，间间都有极好的采光。廊柱高大，墙裙雕刻着中国传统的吉祥图案，这样用心竭力的建筑实属罕见。

古路坝天主教堂

1. 陕南民居的石雕装饰

中国的石雕工艺历史久远，早在打制石器时代就已经出现，到明清时期，建筑石雕在民居中已经被普遍应用，起初为仿木构建筑结构，后来逐渐发展并自成一格。陕南民居建筑中的石雕装饰大多运用于门枕石、柱础、门狮、压阑石、龙眼等构件。

（1）门枕石

门枕石也被称为“门台”“门座”“镇门石”，在传统陕南民居中位于大门两侧，起着固定门转轴的作用。

抱鼓石是在门枕石的基础上发展起来的，是立于大门两侧门框下的石墩，在结构上属于建筑构件，在功能上能起到加固门框的作用。裸露在门外的基石部分可以做成方体的石作雕饰，也可以雕成圆鼓形状的抱鼓石。雕饰的复杂程度大多取决于家庭的经济状况及家庭成员的社会地位。大户人家的雕饰更加讲究、繁杂，而普通人家的雕饰较为朴素，或是没有雕刻。抱鼓石各个部位的雕饰都非常精巧，石鼓上一般会雕刻两只站立的狮子，石鼓侧面雕刻有“兽面衔环”，石鼓表面雕刻最为丰富，常见主题有“狮滚绣球”“麒麟”“蝙蝠”“二龙戏珠”“老翁”等，都有祥和、富贵、福寿的寓意。

石鼓下的底座称为须弥座。须弥座的雕饰与石鼓的略有不同，多采用浅浮雕的雕刻手法，在各个部分有不同的石雕装饰。雕刻内容上各户人家也不尽相同，少数人家在须弥座的束腰位置雕有角兽或花柱，角兽的主题形象大多是狮子、猴子。

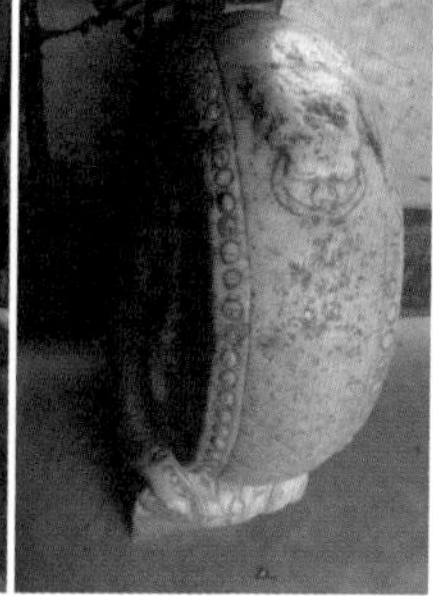

门枕石上的雕刻

相对的门枕石寓意“门当户对”

（2）柱础

中国传统民居中柱身主要采用木料做成，而木料的防潮、防蛀能力较差，因此，柱身下采用石材做柱础，可以解决防潮、防蛀的问题。柱础主要分两个部分：连接地面的为“础”，“础”以上与柱子相连的部分为“踬”。陕南地区柱础的造型主要有圆鼓形、六边形、八边形、瓜棱形、方形等，表面都以雕花装饰。陕南地区还留存大量的复合式柱础，例如瓜棱形与六边形的组合、圆鼓形与六边形的组合等。普通人家与大户人家柱础的装饰也有区别。讲究一些的大户人家将柱石做成须弥座与裙袱及鼓的形制。裙袱与抱鼓石的

圆鼓形制

复合式柱础

雕刻手法基本一致，裙面刻有夔龙，周边雕饰有“富贵不断头”的连续性纹样作为装饰。

(3) 石狮

中国特色的石雕和铁铸狮子是中华传统文化中独具特色的一个艺术门类，是中华民族千百年文化积淀的结晶，是老百姓喜闻乐见的吉祥物。老百姓认为狮子能带来如意安康，因此它是人们精神寄托的灵物。陕南地区属于南北融合的区域，在南北文化差异相交融的冲击下，形成了兼容并蓄的艺术风格。

狮子自传入中国后，就被认为能驱恶辟邪，不仅能保佑人类平安，还能保佑家里的牲畜平安。另外，古人认为狮子也能镇得住性情刚烈的牲畜，所以狮子总是被神兽的光环笼罩着。

我国早在东汉时期就出现了石狮，较铁铸的狮子出现得更早一些。东汉人将带翼模样的神兽称为“辟邪”。到后来“辟邪”变成了动词，成为人们赋予狮子的主要职能之一。而宋元以前，石狮出现在陵墓的建筑之中，作为陵墓的守护瑞兽。

石狮

据《析津志辑佚》记载，狮子立于大门前始于元代的宦官之家，这些狮子用生铁铸成或是白石凿成，主要用作压邪镇凶。

（4）龙眼

合院式传统民居的天井一般都会设置排水口，在南方地区通常被称为“龙眼”，而安康地区的“龙眼”造型多为“铜钱形”，这种造型主要有招财进宝的寓意。

2. 陕南民居的木雕装饰

民居木雕装饰沿袭了宫廷的木雕装饰，将木雕分为大木雕刻和小木雕刻两种类型。大木雕刻主要指梁、枋、檩等建筑构件上的装饰雕刻，小木雕刻指包含家具在内的细木工装饰雕刻。陕南民居以木为主要材料，强调构架的组合方式，使每一个部位都成为雕刻的载体。由于各构件的位置、功能、形状的差异，雕刻内容也有所不同。

传统木雕技术早在《周礼·考工记》中就有记载。宋人李诫的《营造法式》中按雕刻技术把木雕分为混雕、线雕、隐雕、剔雕和透雕五种类型。混雕也可称为圆雕，是一种完全立体的雕刻，可以从多角度欣赏，题材多取人物、动物等。线雕是一种线刻技术，接近于中国画的白描效果。隐雕与剔雕都属于浮雕，这两种雕刻也比较相似，强调起伏感与层次感。透雕也称为镂空雕，是将纹饰图案以外的部分去掉，雕纹玲珑剔透。

（1）门饰

大门在民间被认为是主，房是宾，定好门第的高低，使宾主相合，就会家道兴旺，子孙昌盛。大门是民居出入的中心，它反映出住宅的规模和户主的财力权威。民间常常将有钱人家称为“高门大户”，可见从大门上就能看出户主的经济状况。

陕南民居四合院门楼装饰构件

陕南的大门多设置在宅院的中轴线上，两侧完全对称。如果大门开在正中，还要在大门和前厅之间设置一道四扇两开的垂花屏门，平时屏门紧闭，人走两侧，只有过事时

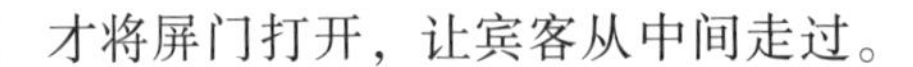

才将屏门打开，让宾客从中间走过。

a. 门楼

门楼往往是户主装饰刻画的重点部位，也是陕南地区民居装饰较为讲究的地方，从门楼的造型、工艺的精细程度便可看出宅院的装修品质、户主的社会地位及家庭背景。因此，人们家里无论贫富，房屋可以修得简陋，但门楼却不会马虎，人们尽量将门楼修建得富丽堂皇，以显示自己的体面，就连民间也流传着“穷房富门楼”的说法。大门上面有的是类似牌楼的顶，也有的是形为飞檐翘角的顶，两扇黑漆的大门由两个青石雕制的凶恶怪兽形门墩相托。门板是由质地坚实、厚如砖的硬木做成，有的还会包上铁皮，生怕不够坚固。在门板上、中、下各部位横向钉上铁门钉，门扇的正中钉上铺首，门楼的两侧饰有博古、福禄、八卦、人物、花卉、禽兽等多种砖雕，门外两侧墙壁上嵌有用砖雕成的诗文或者绘画，内容有“苍松古柏”“梅鹿仙鹤”等，体现了国泰民安、长寿吉祥的寓意。

b. 门额

门额上的装饰反映着户主的志趣和追求，有阴刻或者阳刻的题字，文人、武将或商人各有着不同的价值观，也体现在门匾的题字上，比如“耕读传家”“勤俭持家”“和气致祥”“清白传家”等。在门匾上题刻是中国传统建筑中最重要的特点之一，其实就是给建筑挂一个名牌，表达某种精神追求。门匾上的题刻内容蕴含着文学性、哲理性、社会性、艺术性，凝聚着中国民俗文化的精髓。这种方式装饰的建筑是中国传统建筑在美学经验上的独创，也是陕南民居所拥有的独特艺术特色。

c. 门簪

门簪也被称为“固扇”，是大门上方中槛突出的建筑构件。门簪的功能是连接中槛与连楹、固定门扇的转轴，也兼有装饰作用。陕南民居的大门上一般都是以圆形、方形、多瓣形等形状对称布置。

d. 窗

窗是建筑屋身非常重要的构件之一，与门相比，兼具采光和通风的效果。人们常常把眼睛比喻为心灵的窗户，也体现了窗户在人们日常生活中的重要作用。从古至今，人们对生活物品的审美要求不断提高，窗户也从最初的纯功能性演变到如今兼具装饰性的特点，这种变化在传统民居中表现得较为明显。陕南民居中的窗有直棂窗、槛窗、花窗、支摘窗这几种形式。

门簪

窗饰

直棂窗框内的窗隔心造型较为简单，采用形状类似栅栏的隔心。这种窗的造型简单，制作成本相对低廉，因此在传统民居中被大规模地使用，陕南地区的直棂窗主要在乡村民居中被广泛运用。

槛窗在传统民居中是一种形制较高的窗，通常与隔扇门连接，为了造型统一，通常与隔扇门的隔心造型一致。窗下墙大多用砖砌成，也有部分窗下采用木隔板。在陕南民居中，槛窗主要出现在合院民居中的堂屋和厢房。

花窗是传统民居中常常出现的一种类型，造型丰富但功能单一，直接固定在墙上，不能开启。在陕南传统民居中常见用石材透雕作为花窗，这种花窗用于外墙，美观且结实，能起到装饰和防盗的作用。也有部分花窗放在山墙的顶部，起到装饰、防盗以及换气的作用。

支摘窗在传统民居中被分为上、下两个部分，上部用杆子倾斜支撑，下部可以直接摘除。这种窗在陕南民居发展过程中逐渐演变，只剩下上部的支杆部分可以活动。支摘窗常常安装在前店后居式的建筑二层阁楼处或大院类的一层墙面上。

窗

（2）梁架

人们对建筑形制的要求首先是坚固、实用，其次还要满足审美的心理需求。建筑装饰也是美化建筑的一种表现方式，它在不影响建筑实用功能的同时，依附于建筑实体之上，是对建筑结构一种外化的艺术表达形式。

a. 雀替

此内容前面已讲，在此不再赘述。

雀替

b. 花板

陕南传统民居中的花板位于两柱之间、建筑檐口檩条或枋板下部，或者置于檩、枋前，没有承重作用，以木雕或者镂空手法雕刻出精美的装饰图案，具有很高的艺术价值。

c. 柱枋

柱枋在陕南民居中有多种形式，以龙、如意等纹样为主，具有美化建筑墙面外轮廓线的作用，有着很高的艺术价值和审美价值。

陕南某四合院民居的柱枋

d. 斗拱

此内容前面已讲，在此不再赘述。

3. 陕南民居的砖雕装饰

我国的砖雕艺术起源于战国晚期的画像砖，距今有两千多年的历史。画像砖发展到汉代最为兴盛，南北朝时期也依然流行，到了唐代开始衰落，两宋时期还有所残留。

在陕南民居建筑中，独具匠心的装饰语言赋予了民间建筑精彩的面貌，砖雕便是主要的建筑装饰形式之一。砖雕最早是以模仿石雕的形式出现的，后来在发展中逐渐成为一种独立的艺术形式。砖雕是在烧制成型的砖块上进行雕刻，与木雕相比，其使用时间长；与石雕相比，大小更易控制，且不受地理条件和自然资源的限制，在民居建筑中应用较为广泛。民居中的砖雕装饰，一般是先进行整体雕刻，再安装在建筑物上。

汉中出土的汉砖与晋砖

砖雕

屋脊上的花卉砖雕

陕南传统民居建筑中砖雕装饰通常体现在屋脊、门楼、建筑墙体中。题材包括人物故事、仙花芝草、祥禽瑞兽等形象，俗称“花活”。

（1）屋脊

陕南民居屋脊上的砖雕装饰主要集中在正脊和戗脊的脊身上，脊身一般分段预制进行装饰雕刻，然后再进行组装。陕南地区民居建筑的脊身雕刻装饰突出，题材以植物花卉为主，砖雕技艺以高浮雕为主，以线雕和透雕为辅。

（2）门楼

陕南民居中门楼上常常可以见到装饰复杂的砖雕艺术。比较考究的门楼，大多以砖雕工艺仿木作雕刻出檐口、斗拱、垂花柱、挂落、额枋、隔额等建筑构件，使大门门头层次丰富，装饰效果突出，显示出户主宅邸华丽富贵的气质。

门楼砖雕

墀头彩绘

(3) 墙体

传统建筑的墙体围合出内部空间，并无承重的作用。为了不使墙体单调无趣，工匠们巧思细作，在墙体上雕刻出精彩的装饰艺术。陕南民居墙体上的砖雕艺术出现在山墙墀头、影壁，以及前后墙的花墙上。

a. 墀头

山墙朝前后的两个端面被称为“墀头”。其主要作用是支撑挑出来的屋檐，俗称“马头”或者“腿子”。墀头可分为上、中、下三部分，上为盘头，中为炉口。炉口是墀头重点装饰部位，它的造型很多，一般有纹头式、朝板式、飞砖式、吞金式、壶细口式以及书卷式等。下为层叠的收口，也被称为“炉腿”。陕南民居的墀头造型较为统一，炉口部位多为朝板式造型。

墀头局部的长短尺寸因各家各户的经济实力不同而有所差异，实力强的人家还在盘头下部继续做雕饰，而且很讲究精细，犹如小房子一样，还有滴水瓦当，四角上翘，层叠式刻有莲花瓣、“富贵不断头”的连续纹样、蔓草纹等，表达了人们对子孙兴旺、富贵延绵的美好生活的愿望。

墀头

b. 影壁

影壁修建在民居宅院大门内外或者左右，用来遮挡外人视线或装饰庭院，大多雕有各种各样精美的图案。影壁上的雕刻图案是整座宅院中较为绚丽和精彩的部

分，也是主人花心思较多的地方，一般用上好的木料、石料、水磨青砖或陶制品表现，用人们认为最吉利的禽兽、花卉图案，以及文字符号进行装饰。所以，影壁也是表现主人意愿和手工匠人精湛雕刻技术的部位。

在民间流传着“影壁墙，石灰搪，影壁墙上落凤凰”的谚语。人们普遍认为，影壁是家里招福纳宝的物件，因此，影壁不仅是经济富裕的家庭的专属，经济贫困的家庭也会在小院内修建寓意祥瑞的影壁。

陕南的影壁更多的是附在厢房的墙上，有立在门外、门内、大门两侧的，也有门内外和两侧兼立的。由于民宅的大门设置在一角，一进门就是厢房的山墙面，故门内影壁被广泛采用。影壁的造型一般分为壁顶、壁身、壁座三个部分。壁顶的作用与房顶一样，一是作为墙体上面的结束，二是伸出檐口保护壁身。虽然壁顶面积不大，但上面依然铺设筒瓦，中央有屋脊，正脊两端有脊兽，檐口以下是椽子和斗拱，具有与屋顶一样的结构和装饰。壁身是影壁的主要部分，占整座影壁的绝大部分，是装饰的重点部位。

4. 灰塑

灰塑也称为泥塑、彩塑，是以白灰或贝灰为原料做成灰膏，加上色彩，然后在建筑物上描绘或塑造成型的一种装饰类别。各地原料稍有不同，其主要成分有石灰、沙和纤维材料，纤维可以是稻草捣碎后的草茎，也可以是麻绒。为了增加黏度和减少裂缝，也常加入红糖和糯米汁；为了使颜色好看，有时也在原料中添加色素。制作灰塑时，常用钉子、铁丝做好骨架，再往上抹灰膏，成形后再涂色，效果类似于雕刻。

陕南民居灰塑屋脊

陕南民居中的灰塑运用在脊兽、戗脊兽、门头、门脸、影壁等建筑构件上。

5. 粉绘

粉绘也被称作“粉缋”，指彩色的图画。由于难以保存，所以留存较少。民居中的粉绘运用范围较为广泛，木、砖、石装饰上都可以粉绘丰富色彩。陕南的粉绘在民居装饰中具有普遍性，常常出现在墙体的上方和气窗的周边，形成了独具一格的特色。

陕南民居粉绘屋脊

三、雕刻类型

（一）祥禽瑞兽

祥禽瑞兽是陕西传统民居中使用最多的题材之一。其中，有许多是来自民间神话传说中的动物，虽然有许多在现实中并不存在，但从古至今始终占据着大多数民众的精神世界，渗透到民俗、民风和民众生活的方方面面，成为固定的图腾，并以各自特有的形象赋予了其各不相同的象征、品行与美好寓意。传统民居中常用的动物有龙、凤、麒麟、狮子、蝙蝠、鸳鸯、喜鹊、燕子、大象、仙鹤、猫、鹿等。它们或单独成图，或相互组合搭配成图，或与其他不同题材组合成图，以不同的造型结构与图案内容彰显不同的吉祥寓意，如“龙凤呈祥”“松鹤延年”“麒麟送子”等，象征着祥瑞降临、福寿无疆、家族昌盛。例如，米脂县高家大院、三原县周家大院、扶风县温家大院、凤翔县马家大院、旬邑县唐家大院屋顶正脊两端的鸱吻装饰；凤翔县周家大院门房两侧的墀头部分以“狮子滚绣球”与“喜鹊登梅”进行的装饰和一进院东西厦房山墙上以“麒麟望月”与“鹌鹑荷花”进行的装饰；扶风县温家大院二进院门楼和旬邑县唐家大院以“凤穿牡丹”进行的装饰等。这些雕刻装饰赋予了陕西传统民居欢乐喜庆、安居乐业、富贵吉祥的美好寓意。

（二）花卉草木

花卉草木是我国在雕刻纹样中使用最为普遍、内容最多和范围最广的题材形式，同时也是陕西传统民居在建筑装饰中运用较多的题材形式。陕西传统民居的建筑装饰主要运用牡丹、荷花、水仙、梅花、石榴等植物纹样，并相互穿插组合成图，且图案的组合十分丰富。常用的有“岁寒三友”“竹梅报喜”“荣华富贵”“和合如意”“玉堂富贵”“四君子”“四季花开”等十余种题材。例如，在西安市高家大院、凤翔县马家大院、三原县周家大院、米脂县姜氏庄园等屋顶正脊和垂脊的牡丹、莲花、荷花装饰；凤翔县周家大院厅房墀头下碱部位的牡丹装饰，以及柱础与门枕石上大量使用的莲花装饰；扶风县温家大院二进院看墙的莲花装饰；宝鸡市刘家大院门房窗棂攒斗的莲花装饰等。这些雕刻装饰的运用不仅能看出民居主人通过建筑装饰所要表达的美好意愿，还能使传统民居的建筑装饰更加富有韵味。

（三）人物故事

陕西传统民居的建筑装饰中，以人物故事为题材所进行的雕刻装饰是最能反映主题内容，也最能展现雕刻技艺与风采的部分。这类雕刻装饰主要以历史故事、神话传说、文学作品、演义小说、著名事件等题材进行雕刻装饰，且画面布局丰满繁复，极为考究，不仅展示了人物灵动的神采，还反映了市井生活的乐趣，主要有“天官赐福”“二十四孝”“渔樵耕读”“和合二仙”“三星高照”等十余种题材。在陕西传统民居的建筑装饰中，有大量以人物故事为题材的雕刻装饰。例如，旬邑县唐家大院一进院南北看墙上以“钓鱼图”和“着棋图”为题材的砖雕装饰；关中民俗博物院中收藏的以“和合二仙”与“胡人骑射”为题材的拴马桩石雕装饰；凤翔县周家大院厅房墀头部分的以“状元及第”和“麻姑献寿”为题材的砖雕装饰，以及位于大门后部石门上以“三星高照”为题材的石雕装饰；扶风县温家大院二进院门楼上方以“渔樵耕读”为题材的砖雕装饰和厅房两侧隔栅门裙板上以“二十四孝”为题材的木雕装饰等。这些以人物故事为题材的雕刻装饰不仅展现了“三雕”的精湛技艺，同时还使陕西传统民居的建筑装饰寓意更加丰富，展现出更加深邃悠久的文化内涵。

（四）文字符号

文字符号也是我国在雕刻装饰中运用较为广泛的题材之一。在陕西传统民居的建筑装饰中，通常以两种大的类型呈现：一类是以来自古代的青铜器皿、香炉、花瓶、酒器及文房四宝、琴棋书画等物进行组合所形成的具有特殊寓意的图案，以及将云纹、回纹、盘长纹等装饰纹样高度简化、概括、提取而成，并用二方连续、四方连续等构图手法对砖雕边、角进行装饰而形成的程式化图案，主要有“博古图”“四艺图”“暗八仙”“八宝纹”“八吉祥”“传统锦纹”等十余种图案类型。另一类则是直接以文字形式所进行的装饰，或以“福”“禄”“寿”“喜”等带有很强图案感的吉祥文字进行装饰，或以匾额、楹联等形式运用“三雕”的手法进行装饰。例如，韩城党家村传统民居墀头盘头部分以“暗八仙”为图的装饰和影壁上以“福”和“寿”字为主的装饰；米脂县高家大院影壁上“映户雨风静，当轩星月临”的楹联装饰；凤翔县周家大院正房墀头盘头部分的“博古图”和厦房山墙四角的云纹装饰；扶风县温家大院二进院门楼正中的“四艺图”和“卍”字纹装饰；宝鸡市刘家大院门房墀头下碱部分的卷草纹装饰。这些雕刻装饰的运用使陕西传统民居建筑装饰的艺术形式更为丰富、精致。

第四章　民居与民俗文化内涵的表达

“民居”是指不同地域的居住建筑。居住建筑是最基本的建筑类型，出现最早且分布最广，其数量也最多。由于世界各地区的自然环境和人文背景不尽相同，故形成了形式丰富的民居形态。“民俗”也可被称为民间文化，是指一个民族或一个群体在长期的生产实践和社会生活中逐渐形成并世代相传、较为稳定的文化，也可以简单概括为在民间所盛行的风尚或习俗。民俗源于人们的社会群体生活所需，它来自于人，传承于人，又潜移默化在人们的行为举止、语言心理中。

陕西地区民居民俗的文化内涵十分丰富，这与当地人们长期的生活需要密切相关，主要体现为忠孝礼义礼制观念、福禄寿喜人生观念、富贵平安美好愿望、勤俭廉洁美好品德等风俗观念，并在民居建筑的各个构件、空间形制、室内陈设中都有所体现。

第一节　装饰与文脉

一、忠、孝、礼、义礼制观念的传承

我国著名的建筑大师梁思成先生曾说过："建筑是人类一切造型创造中最庞大、最复杂、也最耐久的一类。所以它代表的民族思想和艺术更显著、更多面，也更重要。"礼制观念正是我国传统民居中民族思想的重要体现。它是伴随着我国农耕社会的发展应运而生的产物，通过礼仪定式与礼制规范来约束人们的行为与思想，其核心提倡的是君惠臣忠、父慈子孝、兄友弟恭、夫义妇顺、朋友有信的社会秩序。位于陕西省中部的关中地区历史悠久、文化底蕴深厚，曾有周、秦、汉、唐等13个朝代相继在此建都，所以关中地区从周秦时期开始一直处于主流文化圈内，当地种类繁多的民俗文化在很大程度上都深受中国历代传统文化的影响。陕西传统民居在营建和建筑装饰题材内容的选取上往往也与传统文化尤其是儒家文化息息相关。作为历代以来正统思想的儒家文化，在陕西传统民居的各个方面都得到了完美的体现和表达。陕西传统民居众多的建筑装饰雕刻艺术中，体现我国忠、孝、礼、义观念的雕刻装饰随处可见。例如，在几乎所有院落的建筑装饰中，对厅房的装饰无论从图案的寓意上，还是雕刻的工艺上，都显得极为考究。因为在关中乃至整个

陕西省凤翔县周家大院"言物行恒"砖雕装饰

陕西省凤翔县周家大院"戬穀罄宜"砖雕装饰

陕西传统民居中，厅房是整个宅院的灵魂，是举办各种仪式的场所，对厅房装饰的考究体现了家族的尊卑秩序和敬祖重礼的社会传统。又如，在陕西省凤翔县周家大院二进院院门上方的文字符号装饰“言物行恒”和西跨院院门上方的文字符号装饰“戬穀（谷）罄宜”。前者出自《易经》，意为对君子言行的约束，后者有学者在查阅相关文献后解释为“与人为善，顺应自然”。再如，在门窗、裙板上经常以“二十四孝”为题材进行雕刻装饰。这些建筑装饰无论是在图案的寓意上，还是在装饰的布局上，都能够显现出建造者的深思熟虑与独具匠心。而这些精心设计的雕刻艺术不仅仅使这一栋栋朴素的建筑富有了深厚的文化底蕴，其所表达的观念和思想更在潜移默化地影响着居住者的行为规范和言谈举止，体现了环境对人的一种无形教育。这种教育并不是严厉得令人生厌的说教，而是让人在欣赏美的同时，唤醒人的道德自觉，最终使忠、孝、礼、义礼观念得到传承。

陕西省旬邑县唐家大院裙板以“二十四孝”为题材的木雕装饰

二、福禄寿喜人生观念的体现

中华民族自古以来就有崇尚吉利祥瑞之说和祈福纳祥的观念。在早期社会，人类因受自给自足的生产方式及生产力水平和思想认识的局限，以及疾病灾害等生存条件的制约，迫切需要一种精神寄托，因而，催生出“五福”观念，当作现实生活和幸福理想的

陕西关中民俗博物馆以“凤穿牡丹”
为题材进行的砖雕装饰

陕西省咸阳市旬邑县唐家大院
以“喜鹊登梅”为题材进行的砖雕装饰

陕西省凤翔县周家大院墀头以“祥禽瑞兽”为元素进行的砖雕装饰

一种沟通手段，这是人类在特定的历史阶段对精神领域的特殊需求。我们的祖先在2000多年前就有了追求“五福”而避讳“六极”的讲究，早在《尚书·洪范》中便有了对“五福”的记载，这也是后来长寿、富贵、康宁、好德、善终这“五福”定义的雏形。人们对多福、多禄、多寿、多喜的美好期盼在我国的剪纸、刺绣、社火、建筑等传统民间艺术中都有所体现。在陕西传统民居砖雕装饰中处处可以看出院落主人对福、禄、寿、喜的期盼的象征表达。例如，在墀头、盘头部分大量使用以“凤穿牡丹”“喜鹊登梅”“狮子绣球”等为

韩城党家村民居影壁以“寿”字
进行的砖雕装饰

题材所进行的雕刻装饰；在山墙、看墙和墀头下碱部分反复运用以蝙蝠、喜鹊、麒麟等祥禽瑞兽为元素所进行的雕刻装饰；在墀头上身部分运用以八宝纹为纹样所进行的雕刻装饰；在影壁上运用“寿”“福”等文字符号所进行的雕刻装饰。这些建筑装饰都直观地表达了当时院落主人对多子多福、吉祥如意、福寿无疆的期盼，以及当时人们以自然环境为依托的自给自足的生活方式与生存观念。

三、富贵平安美好愿望的表达

对美好生活的向往是人类最朴实的愿望，人对生活的信心也是在这种愿望的激励下才更富有了前进的动力。在我国的传统文化中，先民们用凤凰、鹌鹑、牡丹、玉兰等诸多元素象征富贵平安，并且经常将它们融入各类的传统民间艺术中。这些元素被运用在传统民居的建筑装饰上，负载和寄托着人们的美好愿望，陕西传统民居的石雕、砖雕、木雕这“三雕”艺术就是这种负载和寄托最具代表性的证明。例如，屋脊上大量运用象征富贵昌盛的牡丹和象征冰清玉洁的莲花图案所进行的装饰；门枕石上广泛运用“平安如意”图案所进行的装饰；墀头上运用牡丹、花瓶图案所进行的装饰；山墙上运用鹌鹑、水仙图案所进行的装饰；院门上运用玉兰、石榴花、梅花图案所进行的装饰；看墙上运用凤凰、蝙蝠图案所进行的装饰。这些精美的建筑雕刻装饰正是利用了图案自身的美好寓意，把对富贵平安这一美好愿望的期盼通过雕刻艺术直接表现出来。这些建筑雕刻被赋予了美好的盼望和情感，体现了中国“天人合一”的传统思想观念。

韩城党家村传统民居墀头以“鹌鹑”“牡丹”等为元素的砖雕装饰

四、勤俭廉洁美好品德的升华

我国漫长的农耕文明和特殊的经济形态造就了中华民族勤俭廉洁的精神品德，而在我国的传统民居中除了其无可替代的实用性之外，还有着特殊的精神寄托和教育功能。例如旧版的《凤翔县志》曾记载，周家大院的始建者周恕早期深受儒家文化的影响，经商成功后积德行善、勤俭节约，并聘请先生教导其子孙刻苦读书，其后代也多有在科举考试中脱颖而出步入官场者。明嘉靖二十年的进士周易，在为官期间爱民如子，爱惜民力，不耗民财。周家人勤俭廉洁的美好品德也渗透在周家大院的建筑装饰中，例如墀头装饰中“岁寒三友”图案的运用，以及大门和西跨院门装饰中“勤俭恭恕”“行笃敬”“清廉一品”等文字的运用。这些不仅彰显着周家人“勤俭持家、廉洁清正”的生活信条，同时也将勤俭廉洁这一美好品德内化于心。

陕西省凤翔县周家大院院门石雕装饰

第二节　装饰与民俗

陕西传统民居建筑装饰艺术中的装饰元素反映了三秦人民的民俗心态和思想意识观念。这种心态和意识观念是人们通过长期的社会实践，在特定的心理基础上逐渐形成的文化认同。它涵盖的范围广泛，包括世界观、人生观、生死观、道德观、艺术观、宗教观、信仰观等，这是在特定时代条件下陕西的风土人情、生活趣味与审美观点的积累。在陕西民居的建筑装饰上，我们可以看到被普遍运用的装饰题材内容，比如动物中的麒麟、龙、凤凰、蛇、喜鹊……植物中的牡丹、莲花、石榴、松竹……以及人物、器物、图符等，此外，还有含有特殊意义的文字和数字装饰。这些装饰题材的运用不仅能够展现出建筑的形式美，更重要的是能够表达出一定的民俗心态和民俗观念。

一、生育观

生育观，是指人类对于生育问题相对稳定的看法和主张，也是指人类对于生育功能的基本认识及所持有的态度。在陕西民居的装饰中，很多地方可以体现出人们对子孙繁盛、多子多福的期盼。

（一）“枪头梅花格”图案

“枪头梅花格”图案是陕西民居木格窗棂的图案。枪、戟、戈、矛是古代兵器，有锐器进攻、取胜之意，象征着刚强；梅花斗霜傲雪，其品性被文人雅士称颂至今，旧时梅有“五福”“四德”之说。古人常把梅比作美人，喻示端庄美丽。另外，寒梅报春，有吉祥喜庆的寓意。此图案将“阳刚之枪头”和“阴柔之梅花”这两种看似极不相干的事物组合在一起，实则代表了“英雄”和“美人”两方，含文武双全、才子佳人的意思。阴阳与雌雄在对立中统一，阴阳相合，生生不息。“枪头梅花格”图案表达了幸福、圆满、子孙繁盛的意愿。

陕北窑洞民居窗棂木雕装饰
——“枪头梅花格”

（二）“盘长”图案

陕北当地人管蛇抱九颗蛋的纹饰叫“盘长”。蛇，象征着男根，且蛇多产蛋，寓意生殖能力强，昭示着人丁兴旺，子孙满堂。另外，“盘长”也是一种吉祥图符，为佛家法物，是佛家“八宝”之一。按照佛家解释，“盘长”为“回环贯彻、一切通明”，含有事事顺、路路通的意思。因其图案本身盘曲连接，无头无尾，无休无止，显示出绵延不断的连续状态，所以被民众当作吉祥符，取义生生不息，作为世代绵延、福禄承袭、寿

陕北窑洞民居窗棂木雕装饰
——“蛇抱九颗蛋”

康永续、财富源源不断、爱情之树常青等观念的表达。

（三）“鼠与葡萄”图案

“鼠与葡萄”图案多以砖雕装饰呈现于山墙、看墙和墀头。鼠乃十二属相之首，子鼠为先，有尊贵之意。鼠的繁殖能力很强，多产子，这个特点在人们的观念中意为子嗣兴旺。葡萄也有果粒多的特点，在人们眼里它也是多产多子的象征。另外，葡萄为紫色，寓意“紫气东来”，是个好兆头。“鼠与葡萄”图案传达着幸福、美满、多子、吉祥的寓意。

陕西省旬邑县唐家大院砖雕装饰——“鼠与葡萄”

关中民俗博物院砖雕装饰——“鼠与葡萄”

（四）“蛇盘兔”图案

“蛇盘兔”是陕北剪纸中经常运用的主题，而在陕北窑洞民居中，剪纸装饰作为最具代表性的民居装饰，是最能反映民俗观念的。蛇和兔都是生殖能力强的代表，多产子，故以此图来寓意多子多孙，多子多福。

陕北窑洞民居石雕装饰——“蛇盘兔”

（五）“石榴”图案

陕北窑洞民居墀头砖雕装饰——“喜鹊戏石榴”

早在六朝时代，石榴就被视为生子、多子的吉祥之物。多子，特别是多男子，家丁兴旺，血脉相延。在陕西民居中以石榴为主题的图案很多，大都以砖雕的形式表现。有的单绘石榴，将皮剥一角，露出石榴籽的纹样，称“榴开百子”。还有石榴和喜鹊的搭配，称作“喜鹊戏石榴”，表达了人们对房中添喜的美好愿景。

（六）“×”符号

“×”符号运用于陕北窑洞民居建筑的窑窗木格及照壁素面砖的拼贴上。

二、五福三多观

“五福”即长寿、富贵、康宁、好德、善终，早在《尚书·洪范》中便有了对其最初的记载，而“三多”指的是多子、多福、多寿。因受到我国传统文化的影响，民居频频出现喻示五福三多的装饰。

（一）“耄耋遐寿”图案

下图是由猫、蝴蝶、桃花组成的图案，常以砖雕的形式表现。其中“猫”和“蝶”是谐音，意指耄耋老人。《礼记·曲礼上》云：“七十曰耄，八十曰耋，百年曰期颐。”后世将耄耋合称，指年高寿长的老人。桃，言食之可以延年益寿，后世人常以桃祝人寿诞，其花也被认为是吉祥的象征。桃花花期在三月，故桃花象征着春天，人们将其借指晚辈，此图案是福寿观念的表达，隐含着“晚辈祝福长辈长寿的一片忠孝之心，长辈寄予晚辈春天一样的希望”的寓意。

陕北窑洞民居砖雕装饰——“耄耋遐寿”

（二）“寿桃”图案

桃是原产于中国的一种水果，已有两千多年的栽培史，人们用它来象征长寿，表达祝寿的主题。在陕西民居的建筑装饰中，桃的图案被广泛应用在墀头、门簪、抱鼓石、影壁等部位的装饰中，或单独成图，或与喜鹊搭配成图，俗称“喜报春来”。

（三）“寿”图案

“寿”字本是一个平凡的汉字，但由于人们渴望长寿的缘故，它的意义远远地超越了一般的汉字，已成为反映人们吉祥观念的主题象征。古语说得好：“留得青山在，不怕没柴烧。”“人在，一切在。”中国人讲求长寿，自然而然地也在这个“寿”字上做足了文章。人们逐渐将寿字图案化、艺术化，其字形有长、有圆，字体变化多端，俨然成为一个吉祥符。在陕西民居的建筑装饰中，“寿”字的装饰图案大多都被应用于影壁上。

党家村影壁砖雕装饰——以“寿”为图案

（四）“八仙”与“暗八仙”图案

“八仙”与“暗八仙”在中国古建筑装饰中都是十分常见的形象。“八仙”为民间传说中道教的八位仙人，八仙具体指的是谁，历史上说法不一。今天所谓的八仙指的是钟离权、张果老、韩湘子、铁拐李、曹国舅、吕洞宾、蓝采和、何仙姑。“八仙过海，各显神通”是家喻户晓、老少皆知的故事。据《东游记》记载，一日，八仙自西王母蟠桃大会醉别而归，路过东海，但见白浪滔天。吕洞宾提倡过海东游，不现仙家本事，须各投一物，乘之而过。铁拐李率先以杖投水，立其上，逐浪而渡。七仙随之，纷纷以纸驴、花篮、拍板等投水而渡。八仙本是仙人，又定期赴西王母娘娘的蟠桃大会祝寿，所以，在民间常以“八仙”作为祝寿的题材。人们也常以物代人，即以八仙所持的手中之物来寓意长寿的吉祥图案，或呈祥云，或系彩带。因此，八仙所持的宝物葫芦、扇子、玉板、荷花、宝剑、箫管、花篮、渔鼓被称为“八宝”，亦被称为“暗八仙”。

关中民俗博物院影壁砖雕装饰——“八仙”与“暗八仙”

（五）“天官赐福”图案

“天官赐福”在陕西民居中常以砖雕的形式表现于墀头。中国古代礼制典籍《周礼》中分设六种官职，以冢宰为天官，乃百官之长，统领百官。后以天官泛指百官。民间神人中天官主要指道教三官中的“天官”。三官中以天官为尊，是道教的紫微帝君，职掌赐福。到近代，民间遂以天官为福神，与禄、寿并列。天官之象最著名的图案就是“天官赐福”，意为天受福禄。

陕西民居墀头砖雕装饰——“天官赐福”

（六）“凤穿牡丹”图案

“凤穿牡丹”是陕西民居建筑装饰艺术中表现得比较多的题材，常见装饰在雀替、墀头等部位。牡丹是我国土生土长的观赏花木，原产于我国北部，秦岭和陕北山地，多野生。牡丹亦有“花王”“富贵花”之称。宋时，周敦颐的《爱莲说》中有“牡丹，花之富贵者也”的佳句。在民间，牡丹已成为吉祥图案的重要题材。人们常用牡丹来表达期盼、祝颂富贵长命的意愿，牡丹也常常被达官贵人用作宅院的装饰题材；凤凰是我国传说中的瑞鸟，民间认为其能通神明，在百鸟中雄居首位，群鸟皆从其飞，这点则为人世君臣之道所用。凤凰还有喜庆、吉祥的寓意，被极其广泛地应用在装饰图案纹样中。凤凰和牡丹有时被作为单体形象进行装饰，有时被相互搭配成图进行装饰。

陕西民居雀替木雕装饰——“凤穿牡丹”

陕西省凤翔县周家大院砖雕装饰——“凤穿牡丹”

（七）“松鹿竹鹤”图案

在陕西民居的影壁、墀头、看墙等部位常常会看到用“松鹿竹鹤”图案所进行的装饰。“鹿在松林、鹤唳寿石、日月辉映”，图案的表达内容相当丰富。其中，鹿被古人视为长寿仙兽，传说“千年为苍鹿，又五百年为白鹿，又五百年化为玄鹿”。鹿又与民间“五福”中表示“富贵”的“禄”谐音，是富贵和俸禄的象征；松和竹，一个祝颂青春永驻、健康长寿，一个象征高风亮节，都被民间寓以吉祥意义，在传统建筑装饰中作为植物风景装饰；仙鹤，羽族之宗长，有一品鸟之称，是延寿吉祥的动物，为人所贵。鹿与鹤连在一起，被称作“鹿鹤同春”或“六合同春”。按照陕西人的说法，“松鹿竹鹤”寓意为国泰民安、社会稳定、日月生辉、福寿无疆。

三、书香门第与功成名就观

陕西历史悠久，文化积淀深厚，长时间的封建统治与相对安逸的生活及中国传统文化的影响使书香门第、功成名就的观念始终影响着生活在这片沃土上的三秦人民，并将这种观念体现在民居的建筑装饰中。虽然手法和内容并不丰富，但足以证明这种观念的存在。

（一）“琴棋书画”图案

“琴棋书画”，即弹琴、弈棋、写字、作画，旧时称其为“四艺”，装饰中也称之为“四艺图”。这些器物都是文人雅士的把持之物。在中国的封建社会中，有一种特殊的阶层——“士”，也就是文人。因为朝廷以科举取士，世人想要升官发财，就必须走仕途之

陕西省凤翔县周家大院墀头砖雕装饰——“四艺图”

陕西省陇县杨家老宅绦环板木雕装饰——“四艺图”

路，所以“士”在古代社会的影响极其深远，“士”的所作所为就会成为社会的风尚。人们用“四艺”图案表现文人雅士高雅的生活情操，同时也寄寓自己高尚的生活作风。

（二）“喜报三元”图案

“喜报三元”是由喜鹊和三个石榴组成的图案，在陕西民居中常以砖雕或石雕的形式表现。“三元”指的是科举考试的前三个名次。“喜报三元”是长辈对晚辈高中功名的殷切寄托，期盼儿孙成才，光宗耀祖。

（三）“金猴立顶”图案

猴是十二生肖之一，猴的形象在中国传统文化中占有一定的地位，尤其是在古典小说《西游记》成功塑造了齐天大圣、美猴王——孙悟空之后，猴的文化意蕴更加深厚。作为吉祥物，人们更多的是借“猴”与“侯”的谐音将其运用。侯是中国古代的爵位之一，人们希望以“金猴立顶”的装饰来实现加官晋爵、代代封侯的美好愿望。

陕北窑洞民居门枕石石雕装饰——“金猴立顶”

四、宗教文化观

宗教文化对中国传统文化产生过极其深远的影响。它凭借强大而坚韧的渗透力涉及人们物质、精神文化的许多方面，在陕西民居的建筑装饰上表现得亦是相当明显。

（一）“卍”字图案

“卍”并非汉字，原本是梵文，“卍”被正式用作汉字是在唐女皇武则天当政的周长寿二年（693）。唐慧苑在《华严音义》记载了此事：“卍本非汉字，周长寿二年，权制此文，音之为万，谓吉祥万德之所集也。”由此，以后的佛经中便将

“卍”写作“万”。虽然“卍”被采用为汉字，但它更多的是被当作一个吉祥符号使用。在陕西民居的建筑装饰中，木雕、砖雕、石雕中都出现过“卍”字符号与其他元素组合的图案装饰，寓意吉祥如意。

陕西省扶风县温家大院看墙砖雕装饰——“卍”字图案

（二）“狮子”图案

狮子是我国传统建筑装饰中的重要题材。它原产于非洲等地，其纹图随佛教一起传入中国。佛教经典对狮子非常推崇。“普贤菩萨骑白象，文殊菩萨骑青狮。”文殊菩萨

陕北窑洞民居门枕石石雕装饰

陕西省旬邑县唐家大院门枕石石雕装饰

是四大菩萨之一，代表智慧勇猛。“狮子滚绣球”是最常见的建筑装饰题材。俗传雌雄两狮子相戏时，其绒毛纠结在一起，滚而成球，小狮子便从其中产出，因此，绣球也是吉祥之物。除此之外，狮子还被雕琢于大门两侧，或单独出现，或与门枕石组合出现，宅院主人常借用它的凶猛以显示主人的威势、权力，同时也起到镇宅辟邪的作用。因此，石狮子也被称为“陕西民居的守护神”。

（三）“大象”图案

“象”通“相”，含太平盛世之意。因此，人们常常会在重要佛寺中看到大象图案的装饰。佛教对中国古建筑有着深远的影响，涉及面较广，所以在民居建筑中会看到用“大象”图案作为装饰物。《华严经合论》中写道：“鹫岩西峙，象驾东驱。”佛教传入东土，主要是由大象驮经而来，同时大象也是普贤菩萨的坐骑，所以大象在传统建筑装饰中常作为坐骑的形象出现，经常运用在须弥座底部或墀头雕饰基座的四角上，或与其他元素一起组合成装饰图案，用于看墙和神龛的装饰上。

陕西省旬邑县唐家大院以“福象”为形象的神龛砖雕装饰

五、对神兽的崇拜

“麒麟”“龙”“凤凰”是中国古代神话传说中的灵物，是古代人民为了某些精神的寄托，经过长期不断努力而创作出来的。它们的形象在建筑装饰艺术中被广泛应用。在陕西民居的建筑装饰中，以麒麟、龙、凤凰为主题的装饰图案普遍存在，使用手法也比较多样。

陕西省凤翔县周家大院影壁以“麒麟”为图案的砖雕装饰

（一）麒麟

麒麟是中国“四灵”之首，百兽之先。雄性称麒，雌性称麟，其形状像鹿，其身由独角、马背、牛尾、狼蹄组合而成，身有鳞甲。麒麟是民间传说中的一种富有灵性的动物，祥瑞之兽。民间认为麒麟掌管送子之职，积德人家求拜麒麟可生育得子，故素有“麒麟送子”的说法。在陕西民居的建筑装饰中，麒麟的图案常雕刻装饰在影壁、抱鼓石等部位。

关中民俗博物院影壁以“麒麟”为图案的砖雕装饰

（二）龙

龙是中国有名的神物。几千年来，它一直伴随着中国人的生活。龙的形象由虾眼、鹿角、牛嘴、狗鼻、鲶须、狮鬃、蛇尾、鱼鳞、鹰爪组合而成，是先民们将自己珍爱的动物的优点集于一体所呈现的一种理想形象，表现出人们对大自然的崇拜和对美好愿望的寄托。在陕西民居的装饰中，以龙为图案的建筑装饰在影壁、看墙、山墙、额枋、雀替等部位均有体现，使用较为广泛且形式手法多样。

陕西省旬邑县唐家大院帘门以“龙”为图案的木雕装饰

西安市北院门高家大院影壁以“龙”为图案的砖雕装饰

陕西省凤翔县周家大院墀头檐以“龙”为图案的砖雕装饰

（三）凤凰

凤凰是中国文化的重要元素之一，是雌雄两鸟的统称，雄为凤，雌为凰，雌雄齐飞，相合而鸣。在陕西民居的建筑装饰中，常以“凤穿牡丹”为图案来进行雕刻装饰，且主要以砖雕的手法雕刻在看墙、墀头、影壁等部位，表达人们对富贵的期盼。此外，在民间民俗信仰中，还常常把凤凰作为生命和生育的象征，体现了一种暗含的“性”崇拜。

陕西省旬邑县唐家大院以“凤凰”为图案的砖雕装饰

陕西省扶风县温家大院以“凤凰”为图案的砖雕装饰

六、数字寓意观

陕西传统民居的建造与装饰，无论是窑洞民居，还是合院民居，民居建筑个数大多是统一的，这绝非是一种巧合，而是对数字及其寓意的一种民俗观念表达。例如，在陕北窑洞民居的修建上，习惯建单不建双，即一排宜三、五、七孔，很少修二、四、六孔，“明五、暗四、六厢窑”是陕北窑洞民居建筑等级最高的格局，即正窑五间，两旁耳房各两间，东西厢窑各三间，它们的合数应为十五。而在关中的合院民居中所有建筑的开间一般为三个或五个，从未见过两个或四个开间，在建筑的装饰上更多的也是见奇不见偶。因为在陕西的民俗观念中，单数为增，双数为圆。单数代表上进，离大满贯只有一步之遥，双数代表圆满、团圆，虽然双数也含有吉祥寓意，但远没有单数的寓意激人上进。再如，在米脂县的姜氏庄园中，宅院主人把楼梯台阶总数设置为365阶，正合一年的天数，寓意一年四季天天吉祥，岁岁平安，步步高升。

第五章　三秦村院

经典院落四合院

若讲建筑风格，传统民居是最能体现地方建筑特色和民风民俗的建筑。民居同传统古建筑、民间工艺品一样，具有很高的历史价值和艺术价值。探索建筑的价值，重点不在于研究其大小、规模，而在于探索它们的年代、材料以及做法。民居承载着历史文化、民俗文化，对它们的保护和发展关系到传承与弘扬中国的传统文化。因此，下面我们将通过探索陕西地区的不同村庄，来挖掘不同地区民居建筑所呈现的地域之美和历史底蕴。

第一节　西安北院门 144 号高家大院

高家大院位于古城西安北院门 144 号。大院兴建于明朝末年崇祯时期，直到清朝乾隆时期初见规模，清朝道光时期整个院子才修建完成。高家祖辈以经商为主，后因从政的高岳崧位高权重，朝廷拨款翻修高宅。当时进北院门的官员都需要下轿，可见高岳崧的地位之高。

高家大院是砖木结构四合院，建筑面积约 2000 m^2，坐西朝东，布局完整，前低后高，形成三进院，并且有局部跨院。院落前厅后堂，具有典型的传统关中院落的形制特征。院落的设计，充分尊重历史街区的传统风貌。

大院门口的石狮可以追溯到西汉年间，其左雄右雌的摆放极为讲究，也就是北上南下。同时以马头上的麒麟与狮子作为砖雕图案，彰显富贵，寓有麒麟送子、四狮（时）如意之意。门厅内主要以松、竹表达主人“松鹤延年”、高风亮节的愿望；“狮子滚绣球”的图案，则表达主人平安如意的美好意愿。

院子的大门为平板门，由门扇、门框、门垛、门楣等部件构成，由门墩石、门过木、门街石等附件组成。门扇是用比较结实的厚木板制成，并装饰有铜质炮钉和狮头铺首。穿过内门厅就能看见影壁墙。影壁墙

高家大院门口

迎门而建。除了给庭院增加气氛、表达吉祥之意外，也作为障景，起到使外界难以窥视院内活动的隔离作用，也就是防“三煞”。

高家大院北厢房

院落建筑中有木雕卷口、雕花斗拱、砖雕门洞等。建筑色彩是保留了材料本身的颜色，青砖灰瓦，玉街丹楹。一进院中，南北两个厢房两侧甬道的砖雕与影壁大不相同，主要以农蔬、松、竹、桃为题材，体现主人高风亮节的愿望和对“五谷丰登”“松鹤延年”的期盼。主过厅牌匾上的“迎紫”则取自“紫气东来，丹凤朝阳”。沿着主过厅走，就进入了二进院，阶石上有图案，名字为五蝠拜寿；三进院是楼院建筑，南北楼是女眷居住的场所，其中，二层是作为未婚女子的“绣房”。一楼正房为主人起居之地，屋内基本保持明清时期北方传统民居的布局。大院建筑整体尺度宜居，建筑朴实但不乏细节考究，处处体现着含蓄、内敛的传统思维模式。

高家大院厅堂内部

第二节　西安市张百万四合院旧居

一、张氏发家的历史

张百万四合院旧居位于西安市灞桥区车丈沟村，是西安现存的大型清代民居之一，保存相对完好，建筑风格古朴。这座大宅院的砖雕、石雕、木刻等中国古建筑的传统元素中，透出一股浓郁的关中风情。

张百万四合院主入口门厅及细节图

张百万四合院旧居细节图

明代洪武初年，天下大移民，张家从山西临汾迁来此地。明代嘉靖年间，张家的老人从摆地摊开始，慢慢地将生意越做越大。“郭家的地，高家的房，张百万的银子拿斗量”，这里说的张百万，是张家老祖宗张洪声的外号。张家的发家史要追溯到张洪声的父亲张步福在蓝田开木器厂那时候，盖张家四合院用的木料都是那个时期攒下来的。清代咸丰年间，祖上为了养家糊口开始做生意，在西安、三原等地依靠摆地摊起家，后来有了些积蓄，张洪声弟兄几个逐渐到青海、天津、新疆等地跑生意。就这样，他们从西安到西宁带去茶叶、丝绸，从西宁带回皮货、药材，慢慢将财富积累起来，创办了张家的商号“德合生”。有一年年底分红，张洪声分了一百万两银子，“张百万”这个绰号就是这样得来的。

清末时期，张家祖上做生意，一般是先在天津等地组织货源，再辗转雇用脚夫、骆驼行至兰州。张家做生意，讲究不走空头，即来去都要有货，张家太爷爷就是这样，来回都做生意。张家那时候自称为“庄客”，意思就是走到哪里就暂时安营扎寨在哪里，收集当地的货物、土特产，再到别的地方出售。那时收回来的茶叶还要先运到泾阳加工成“茯砖”，再运往兰州。张家生意做得最大的时候，有人形容说，从西安到西宁，从甘肃到内蒙古，张家人不用住别人家的店，沿途都有张家的分号。张家在抗战前还经营过土布生意，在全国很多地方都有钱庄，还在西安开过当铺。

二、张氏民居四合院的格局

张氏民居坐落在村口，门向西开，是典型的四合院院落布局。头道院，有门房一座，住人。上高台阶，走进院内，有南北厢房各一座、高大的正房一座。头道院与二道院之间，现砌砖墙用于隔堵。门房前早年还曾经有一副对联，上联：读书好，耕田好，学好变好；下联：创业难，守城难，知难不难。楹联是白鹿原上的牛才子（牛兆濂）写给张家的。门房与厢房有格栅门窗，古朴典雅，山墙上镶有砖雕。门前有砖砌台阶，院中种植高大乔木“金线吊蝴蝶”。正房，立柱高大，房梁上有雕花，房内有木板屏风。该四合院采用厚重的外围护结构，材质以土、砖为主，具备良好的蓄热能力，即使室外气温变化较大，室内也可保持适宜的温度。房内现今空荡荡的，除去屏风前面的一个大条案外，那些有年代的古老的家具与摆设都没有了。但现今的主人张老却在厅房内安放了一张书

张百万四合院旧居看墙

张百万四合院旧居房梁

桌，兴致高了，朋友来讨要书法作品了，张老便泼墨挥毫。这个院子建于清代光绪年间，20世纪80年代后，有过几次小修小补。张老在西安市内有居处，而如今人老了、退休了，就特别怀念老家、老院子、老房、老树，所以经常与老伴回来看看，住些日子。有间老房，有三五老友，沏一壶老茶，坐在院中的石凳上，老人们喝茶、聊天，也是一种精神享受与全身放松。

第三节　关中党家村民居

一、依塬傍水，背风向阳的选址特点

党家村的历史是一段动态发展的历史。作为一个有着悠久历史的北方乡村聚落，党家村经历了一个从无到有、从贫到富、从务农到经商、从封闭到开放的历史变迁。其房屋建筑从窑洞到高墙耸立的四合院，逐渐发展和形成我们今天所看到的完整格局。党家村人祖祖辈辈都钟爱着一条傍村而过的小河，这条小河有一个荡漾着美丽涟漪的名字——泌水河。这条河与古民居相依相伴，体现了中国先民在建造宅居时非常讲究人与自然的和谐，强调天人合一、顺应自然。其中，“负阴抱阳、背山面水”的建筑选址模式也是古人顺应自然理念的真知灼见。通过实地勘察，党家村北依高塬，南临泌水，坐

落于高塬和河畔之间，山环水抱，日照充足，可见党家村选址首先考虑的便是依塬傍水、背风向阳。从北塬上或寨子上欣赏党家村会发现，它美就美在人工建设与自然景色天衣无缝地融合在一起，达到了天、地、人的高度契合。

党家村背风向阳，上寨下村，村寨互相连接。在这约 1 km^2 的土地上，鳞次栉比地坐落着 125 座保存完整的明清四合院，院内房檐高低有势，房屋对称和谐，放眼望去，连成一片，非常壮观。让人们惊叹的不只是那 125 座四合院及优美起伏的碑、塔、阁、楼，还有那古井、古祠堂、古寨，连同那青砖铺墁、曲径通幽的条条巷道。人们也惊叹于那撼人心扉的人文精神及浓郁深厚的传统文化，还有那代代相传的醇厚朴实的民风民情。

党家村的巷道走向基本决定了村寨的结构，它有主巷、次巷、端巷，长短不一，曲折有度，且有讲究：巷子不对巷子，大门不冲巷口，门不对门。党家村还考虑到防御功能，其巷道都设计得比较窄，东西主巷宽 3 m，南北小巷宽 2 m，近端小巷仅 1.2 m。加上当年各巷道的端部均设有哨门，平时处于关闭状态，只有主巷东西两端的哨门作为出入村子的正式门户，日开夜闭。

党家村石铺巷道

二、党家村四合院

目前，党家村保存完好的明清四合院按建筑年代和建筑质量可以分为三个级别：一级院，二级院，三级院。四合院，顾名思义，就是指由四面的房屋围合而成的院子，通常用“院落式”来描述。党家村的四合院，既不是虚张声势的大，也不是唯唯诺诺的小，它的每一寸空间都被细心而精致地利用着，且游刃有余，恰到好处。

党家村民居四合院

（一）砖木结构宅院

党家村四合院以明清建筑格局为代表，院内左右、前后对称，主次分明。按汉族传统建筑章法布局，厅房居上，厢房分置两侧，门房与厅房相对，四房相合，中间是砖铺的庭院。四合院各房背墙外不开窗，除了考虑安全因素外，也有“财气不外露”之意。四合院内各房均为砖木结构，也因此有“墙倒屋不倒”之誉。每栋房屋外围是青砖墙，上面覆小青瓦屋面。党家村四合院多数呈长方形，最长的四合院从南至北，有8间之多。俗称“一颗印”的正方形院落并不多，党家村一座门楣上题字“瑞气永宁”的四合院就属于“一颗印”形。党家村把中国传统的伦理道德和“修身”“齐家”准则融入四合院的建设之中，厅房为“首”，门房为“足”，门房是根基，立足稳健，方能步趋高远。两面厢房为“双臂”，在整个院落当中，又以厅房为主，门房为宾，取意“贵主配闲宾”。这样的四合院，父母、妻女合家欢乐，故称为“合欢四合院”。党家村四合院的营建居住有次序，高度有定数，用途也有相应规定，厅房为祭祖和设宴之所，供着老祖先的牌位或定格了的影像，厢房里住人。院子周围都是矮小的二层楼房，屋内也没有楼梯。人要在院子里放梯子，才能从二楼窗户钻进去。二楼不住人，只是仓储空间。这种上库下宿的建筑形式，被当地人称为“七上八下”。

党家村民居的庭院用青砖铺墁，只是在中心点铺一块青石，当地人称之为“天心石”。这块方青石看似铺设随意，实则相当用心。这块青石原本是建造宅院时矫正房基方位、测量尺寸的定桩石。随着人们情感需求的增加，它成为一座院落象征平安发达的“镇宅之石”。院落的四周有一圈高起两层砖的走廊，宽度约 80 cm。屋檐也向外延伸不少，这样的设计，使屋顶上的水流入院子，却不会淋湿走廊。有的四合院有前后两进院落，分别是门房、中房直到最后的厅房，如果一级比一级高的话，就称作“连升三级”。显而易见，其体现了古人十分重视子孙读书，希望后代能得到好前程的用意，更反映着他们望子登科、连中三元的愿望。

（二）厅房

党家村民居的厅房给人一种至高无上的感觉，仿佛厅房内供奉着的祖先牌位或

党家村民居厅房牌位

党家村门房石雕装饰

影像在散发着神圣的灵光一样。厅房是四合院的核心，在建筑材料、结构、装饰上都比较讲究。党家村的厅房地基较高，需要踏过几级台阶才能进入，厅房起架较高，有5.7 m左右。有的有楼，有的无楼，不设置楼板或承尘。厅房房顶为硬山两面坡，两端有造型生动的脊兽。党家村四合院厅房多数有廊，俗称“歇檐”，一般会装饰以砖雕壁框，雕刻纹样以鹿、喜鹊等吉祥图案为主，上刻治家的格言等文字符号。有的四合院内的厅房檐下正中央高悬着“明经进士”等牌匾，两边柱上挂有楹联，如：

地要耕，书要读，立业荣为勤慎，

兄宜宽，弟宜忍，兴家贵在修和。

处事无奇忠厚传家久，

创业维艰勤俭济世长。

养天地正气，

法古今完人。

（三）门房

门房是四合院中与厅房相对的房子，因为也是开大门之房，故称作“门”房。党家村的门房为榫卯结构，用料讲究，但材料质量和做工精细度一般不超过厅房。门房多为小五间型，三间型较少。小五间型门房中，一侧稍间用作门道，另一侧稍间可作厕所或库房，中三间为一室，其中一间盘火炕，另两间用于休息或待客。党家村常见的厕所就设在门房的一侧，端正地占据着一间房子。厕所便池是整块青石板中间凿洞砌成，墙的一角堆着草木灰，使厕所没有任何异味。厕所外有一挂钩，据说过去常常会有男人将腰带、女人将套裙挂在那里，以提示厕所内有人。这种心照不宣的方式，避免了大家庭生活中可能出现的种种尴尬。

党家村砖雕装饰

(四) 民居雕饰

党家村建筑雕饰如果按用材来分，可以归纳为砖雕、石雕和木雕装饰，简称“三雕”装饰。

1. 砖雕装饰

党家村的传统民居大部分为明清时期流行的青砖、青瓦加木材和少量石材建造而成，通常称作砖木结构。党家村的砖雕装饰包括圆雕、浮雕、透雕、砖瓦拼饰，其中，圆雕仅见于房屋顶部的脊兽；浮雕与透雕则出现在脊饰、墀头、雕饰、影壁、浮雕画壁、素壁照墙、神龛、瓦当、题壁等的刻字中。党家村节孝碑上的砖雕装饰可谓党家村民居砖雕艺术的精髓，工艺十分精美绝伦。

2. 石雕装饰

党家村的石雕装饰遗存数量较多，主要有浮雕、圆雕和嵌石这几种。其中，圆雕类的石雕装饰只有拴马桩和石狮子。浮雕类和嵌石类的石雕装饰有非建筑性的装饰物件，如柱础石、石敢当、天心石、门枕石等。党家村的石雕，图案清晰，做工考究，这些石雕让我们看到了党家村人的富足和讲究。在中国，石雕艺术普遍运用于建筑及建筑构件装饰中，它的历史可以追溯到殷周时期的石磬。首先出现于大众视野中的是秦始皇陵遗址中的线雕菱纹铺地石。在两汉时期，石雕与建筑的结合已非常普遍，陕西韩城金城区东汉墓出土的一些珍稀遗存，以及韩城扶荔宫中雕刻的“与天无极”“千秋万岁”的瓦当都可以证明。

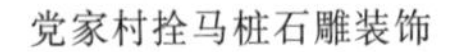

党家村拴马桩石雕装饰

党家村门头石雕装饰

党家村门枕石石雕装饰

3. 木雕装饰

木雕和木质雕饰在华夏民族建筑及其文化传统中占据非常重要的地位，早在战国时期就已蓬勃发展。因为木雕比石雕、玉雕取材方便，也容易雕刻，又与人们的生活关系密切，所以木雕艺术和技艺在之后各个时期得到了长足发展，出现了很多艺术珍品。

党家村的木雕艺术融合了南北木质雕饰的风格，具有较自由的表现手法和造型观念，分为主力架雕饰和辅力架雕饰两类。

主力架是支撑或分担整个建筑的承重构架，如梁、柱、椽及驼峰、花牙子等。

党家村木雕装饰

党家村四合院享有“墙倒屋不倒”的美誉，主要靠的就是建筑构架的科学性、合理性。柱子多用木质坚韧、挺实的圆形或方形松木，梁多用“冬瓜梁”。就雕饰的手法而言，驼峰、花牙子、雁翼板多用低浮雕，斗拱、探头多采用高浮雕甚至多面的主体雕饰。雕饰题材和内容多为花草，如象征吉祥富贵的牡丹纹。

辅力架是指只起辅力作用的装饰部件，主要包括走马门楼、厅房、门房、厢房、楼梯扶栏与外廊栏板等。

党家村古民居建筑上的砖雕、石雕和木雕中，不乏雕刻的上乘力作，它们与建筑本身紧密配合，烘托着建筑所蕴含的魅力与思想。走进党家村古民居的人们，无不被民居的古朴壮美和恢宏气势所震撼。除了“三雕”外，室内的家具和墙壁上的字画，以及门窗上贴的门神、窗花等都对居住环境和建筑空间起到了不可或缺的美化作用。党家村古民居建筑空间布局、尺度比例、环境利用、“三雕”装饰等建筑语言里包含着丰富的象征意义和历史内涵，也在有意无意中渗透出中国传统文化的浓厚韵味。特别是“三雕”装饰中吉祥图案的雕刻和吉祥数字的运用，尤为突出和醒目。

党家村门窗木雕装饰

4. 雕饰图案寓意

在党家村“三雕”的吉祥图案中，既有动物、植物等有机纹样，又有纸、笔、墨、砚、琴、棋、书、画等无机体。其中，既有单体，又有复合体。所谓单体，是指其中某一种动植物形象代表一种吉祥寓意，如动物形象中鹿象征禄，大象象征吉祥，蝙蝠象征福，鸳鸯象征夫妻和睦；还有一些单体字，如福、寿等。复合体就是由两种或两种以上动植物组合而成的图案，如鹿和鹤构成了一幅“六合同春”的图案，猴子与蜂窝构成的画面表示“封猴抱印”，九只蝙蝠在祥云中的图案代表“九蝠捧寿、洪福齐天”（在中国传统文化中“九”表示天，表现为无限之大，是崇高的象征），莲花和桂花组成的纹图表示“莲生贵子”等。

动物纹样中的龙、凤都是人们创造出来的吉祥动物。作为吉祥动物的化身，龙不仅是帝王的象征，亦是民间吉祥文化的一个重要组成部分。所谓“龙凤呈祥”“鲤鱼跳龙门”“乘龙跨凤”等图案中都蕴含着吉、寿、福等寓意。凤，又称凤凰。旧的习俗中，梦见凤凰展翅意味着中举升官。在传说中，有龙凤呈祥、丹凤朝阳、凤鳞呈祥的纹图，均是祥瑞的象征。

在党家村的“三雕”中，用植物表示吉祥寓意的图案也是不胜枚举。如“岁寒三友”是用梅、竹、松来表示，梅花寓意坚韧不拔，竹子代表高风亮节，松寓意常青不老，均有吉利的寓意。

近年来，党家村遵循保护和开发利用相结合的思路，在对古建筑进行修缮时，严格执行保护规划，不任意拆除旧材料，注重保护古村落的历史风貌和文化风情，较为完整地保留了古村落历史文脉和文化积淀，以及古村落的整体风貌。现如今古村落面临着一系列问题，如开发压力、环境问题、少数村民缺乏保护意识等。党家村应及时解决这些难题，以便更好地开发和保护古建筑。

第四节　三原县柏社村民居

柏社村位于咸阳市新兴镇西北部的黄土台塬，与铜川市耀州区接壤，距离三原县县城大约25 km。柏社村古时是关中通往陕北、甘肃、宁夏的重要通道，历史上因为种植柏树较多而被称为“柏社”。柏社村已有1600年历史，最早是“同”“何”两姓在此居住。

一、村落总貌

陕西省三原县柏社村始建于晋代，拥有天下闻名的地坑窑，孕育着古老的地居文化。《礼记·礼运》中说过：“昔者先王未有宫室，冬则居营窟，夏则居橧巢。”可见当时穴居已蕴含古人很多的智慧。“上山不见村，入村不见房，平地起炊烟，忽闻鸡犬声”是对柏社村的典型描述。

柏社村周围为典型的关中台塬田园自然景观，村落外围绿色台塬地貌特色明显，毗邻嵯峨山、浊峪河、清峪河等自然风景区，气候宜人，四季分明。村落里面有5万余株楸树，遮天蔽日，空气清新，是十分封闭幽静的村落空间环境。在这里有老一辈革命家习仲勋办公时用的一座窑院，现已成为该地红色教育与乡村旅游的一个亮点。柏社村拥有较为丰富的传统特色资源，拥有一定的历史、文化、科学、社会、艺术、经济价值，开发利用的潜力较大。村内大部分为平坦的塬面，传统建筑以下沉式地坑窑为主。远观柏社村，绿荫蔽日，偶见屋顶城垣；近观柏社村，窑房结合、楸树成林，正方形、长方形的地窑成点块状分布，如棋子般散落在塬面上。村内现有纵、横两条主干道路，其中，东西道路宽约20 m，其他道路为不规则形状。

二、下沉式窑洞建筑

柏社村传统建筑以下沉式地坑窑为主。它是利用黄土直立性强的特点，在平地上向下挖出一方形的天井，并且在天井的四面墙上再挖窑洞，有一条坡道连接窑院和地面，形成下沉式窑洞。通常是东、西、南面各开两孔窑，北边开一孔，居所为两至三孔，养家畜用两孔，厨房用一孔，其余储藏一些杂物。院落中央一般会设有一口水井，用来收集雨水。居住在地坑窑里的人们是安静祥和的，每天伴随着黄土的气息生火做饭，打扫院落，还要招待来此体验地坑窑生活的游客。他们与黄土为伴，日子忙碌而又充实。

柏社村的民居类型包含土窑洞、简易的窑洞、典型四合院式窑洞，以及现代砖瓦房等多种形式。

柏社村地坑窑，从地面往下看，里面方圆结合，干净整洁

三、柏社村的民间艺术

柏社村历史悠久，民风淳朴，孕育了丰富多彩的民间艺术。明末时期，柏社村的秦腔班就已经享誉关中北部，当时柏社村还有村镇少有的大戏楼，但最终毁于十年动乱，现在已经重建。除此以外，柏社村的社火、唢呐、剪纸、木雕、面花等民间传统工艺也小有名气。柏社村是一个充满传统文化魅力的地方。

柏社村的生态环境和传统生土建筑在当地政府的支持下，已经得到了妥善保护，三原县政府也立志将柏社村以“天下第一窑”和“生土建筑博物馆”的特色亮点进行保护和推广，将柏社村建成具有观光、避暑、度假、科普等综合功能的民俗古村落体验区。但是，目前柏社村仍存在不少问题，如缺少一些旅游度假的基础设施、足够数量的公厕、用于科普的设备，缺乏宣传力度，住宿条件简陋，还有一些面临破败的地坑窑有待修复。希望柏社村在以后的发展中，将保护与推广都重视起来。

第五节　旬邑县唐家大院

唐家大院位于陕西省旬邑县城东北 7 km 处的唐家村，有“渭北高原上的传统民居瑰宝”之称。

旬邑县唐家大院一角

唐家大院蕴涵着深厚的汉族文化底蕴，有着极高的文化价值和艺术价值。旬邑，旧称“三水”。据《唐氏世系谱》记载，“三水唐家”的祖宗是唐应弼。其家族在清初便很有声望，是远近闻名的大地主。

一、唐家大院的空间组织形式

唐家大院的建造历时 43 年，鼎盛时期共有院落 87 个，约 2700 间屋子。唐家大院坐西朝东，面对远山，视野开阔，门前古道交通便捷。庭院的建造上保留了关中“房子半边盖”的习俗，也就是单坡屋顶。院落组成包括三合院、四合院等民居形式，向内的单坡建筑围合的院子山墙高大，使院子具有封闭、厚重的建筑个性。唐家大院的每个院落都分为前厅、中厅、后厅三座房屋。前厅为门厅，一般用来放置农具、车辆等；中厅一般用来待客、议事和祭祖等；后厅为两层楼房，底层由长辈居住，二层为绣楼，供待字闺中的女子居住，屋内布置典雅庄重，琴棋书画用品一应俱全。

在庭院内部，四周设檐廊，形成了庭院内部的回廊，方便院内交通，同时也合理地分隔了空间。这样的处理不仅便于雨天排水，同时还增加了室内空间的层次感，让庭院空间更为丰富。

旬邑县唐家大院山墙

旬邑县唐家大院檐廊

二、唐家大院的建筑装饰特点

院内建有戏楼、假山、花亭、鱼池等，所有门窗都刻有各种图案，神龛、板隔墙上有“八仙图”“二十四孝图”，角柱、墙壁上雕有周穆王的“八骏图”、姜子牙的“钓鱼图”，其他部位还雕有“牡丹”“梅竹”“菊花”“旱莲花”等图案。这些雕刻造型逼真，情态各异，给人以舒适清雅之感。精湛的雕刻技艺和隐含的文化底蕴，充分体现了古代汉族劳动人民的勤劳智慧和卓越才能。

唐家大院的建筑材料为青砖、青瓦和黄土，具有明显的地域特征。据传，所用的木料都采伐自几十里外的万寿沟，所用石材也是出自万寿沟，据说万寿沟其中一座石山都被开采完了。精致的雕刻艺术让整个建筑看起来比较浑厚精致，院落风格整体较为统一。院落的布局上外部围合紧密封闭，院内空间灵活通透，沿街一般为高墙，不开窗或者开小高窗，各房间采光窗户都是向院内开设，庭院一般很少种植林木花草，偶尔会在局部一隅点缀花木。

旬邑县唐家大院各种雕刻装饰

旬邑县唐家大院

唐家大院的建筑全部是木、石、砖结构，请的工匠们都是省内外高手。每座房子都是用经过水磨光的砖和精雕细刻、描龙画凤的石头砌成，砖缝全用石灰、糯米汁浇注。整个建筑体现了北方四合院和苏杭园林艺术相结合的独特风格，一砖一石一木尽显尊贵及奢华。

曾任旬邑县博物馆馆长的何一平介绍：“现存的唐家大院，仅是其全部房舍的冰山一角。但它依然反映着唐家的辉煌和大院的恢宏，墙壁为水磨石砖砌成，镶以木、石

旬邑县唐家大院院内空间

旬邑县唐家大院雕刻艺术

雕，造型优美、雕刻精巧细腻，整个建筑浑然一体，气宇轩昂，堪称艺术佳作。”除此之外，唐家大院第四代传人唐廷铨之墓更是精心构筑，墓前有三门四柱五楼式石牌楼一座，由数百块雕石建成，每层均以飞檐重拱连接，三道门各书石刻楹联和横额，四块石柱及各层横梁前后及其两侧还雕有喜怒哀乐、神态逼真的十八尊立体罗汉及楹联、匾额等，还有石旗杆、石人、石马、石羊、石狮各一对。整个牌楼构思奇巧、做工精细，俨然一座富丽堂皇的庭院。

唐家大院里无论是木雕、砖雕，还是石雕，都雕刻得非常细腻。雕刻的人物生动逼真、惟妙惟肖，雕刻的奇花异草栩栩如生。目睹这一切，你就会由衷地发出感叹：当年的能工巧匠们把苏州园林建筑的典雅秀丽和北方四合院建筑精致巧妙地融为一体，创造出一座如此瑰丽的民居建筑艺术博物馆，真乃伟大的创举！

旬邑县唐家大院柱础砖雕装饰

唐家明清时期最初是做烟草生意起家的，虽然是经商而富足天下的商户，但十分重视文化教育，整座院落处处可以看到柱牌和匾额，内容包括“春晖弥永”“拓馆长春”“德垂后裔”“救族节孝”等牌匾。这些牌匾内容不同、寓意深刻，体现出唐家的文化观和生活观，书法艺术也十分精湛。

关中民居的空间组织与建筑装饰艺术是中国传统建筑的精髓之所在，传统的民居院落在形式上虽然比较单一，但在建筑的使用功能上十分丰富。随着现代技术和材料的进步与发展，新的建筑设计理念与建造方式的出现使得当代民居建筑发生了巨大的变化。

第六节　麟游县万家城村民居

万家城村位于陕西省麟游县城以西 60 km 处，处于渭北黄土丘陵沟壑区里面，村落始建于唐代，由军事寨堡发展而形成。现分为古村和新村，古村位于黄土台塬上，新村位于黄土台塬下。因为村里以万姓人口为主，所以称万家村。

一、一岭两川四面坡地的布局特征

麟游县酒房镇万家城村属于渭北黄土丘陵沟壑区，境内呈现一岭两川四面坡地的地

万家城村环境

万家城村古民居

势特征。万家城河、酒房河由南向北流经东西两川后注入泾河。古村依山而建，地势较高，在军事上占有居高临下的绝对优势，是西北通往关中的一处要道。村庄周围群山结秀，诸水环布，气候宜人。从村庄风水格局看，村庄背后有祖宗山、穴星山龙脉，前有鞍山、朝山及蜿蜒的万家城河，两侧有青龙山、白虎山护卫，龙砂、虎砂外护，中间基址地开阔，乃藏风聚水的理想居住场所。万家城村建筑群周边虽有田园耕地，但是整个村域还是笼罩在山水树林之中，呈现出显著的中国传统村落风水特征。

万家城村古民居

万家城村单进院落

二、以土木结构为主的民居

村落内的建筑大部分建造于20世纪20年代左右，建筑多为土木结构，造价低廉、就地取材的土坯房与渭北黄土台塬大环境融为一体。古村内民居建筑主要用土坯砌墙，以木头做梁架，屋顶覆小青瓦。以土木结构为主的黄土色调使得整个村子建筑风格统一，再现了黄土台塬区村落最原始、最朴实的状态。整个村落建筑风貌和谐统一，房屋为单进院落式布局，由主房屋和两侧厢房围合而成，用不设防的木门栅栏围合，从而分割空间，体现了邻里之间的互相信任与和谐共处。

在土木结构的民居外立面，村民经常会根据生活需要设计各种造型。很多户人家的屋内还是土地面、土炕、老式的家具，生活较为拮据。

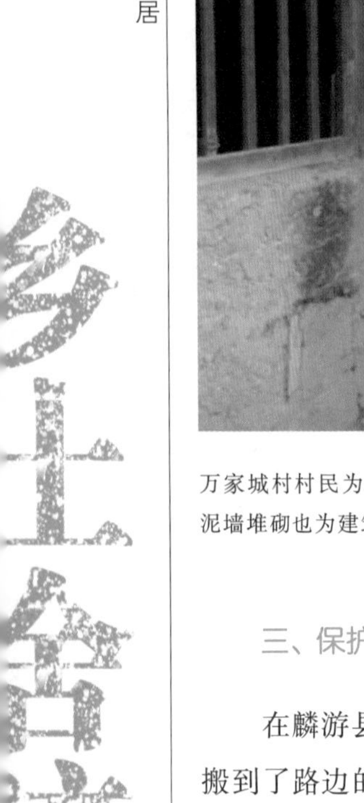

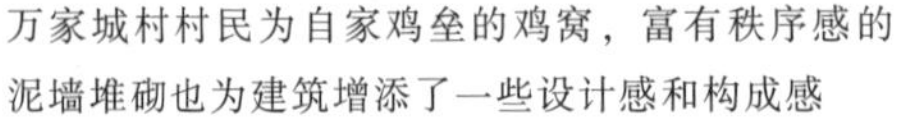

万家城村村民为自家鸡垒的鸡窝，富有秩序感的泥墙堆砌也为建筑增添了一些设计感和构成感

万家城村某民居室内的老式家具

三、保护现状

在麟游县酒房镇万家城村，原始村落建筑都处于坡地上，而村里的人大部分都搬到了路边的新建房里面。从酒房镇到万家城村新村的这段路上基本上没有指引标识，而到达万家城村新村后，从新村通往原始村落的路上也没有任何标识。整个村庄进行了旅游保护规划，循序渐进，顺势而为，避免了新旧村落不和谐的问题。

万家城村古村建筑物多为民用居住平层房，大多为泥土搭建，青瓦为顶，房屋质量差，防震结构差，安全系数低。因青壮年劳动力大多外出打工，乡村里只有老人、妇女与孩童留守，一些建筑年久失修，少数甚至成为危房，历史建筑分布也较为分散。村庄道路缺少防护设施，往往一边是悬崖，一边是山体，在降水降雨量较大时容易造成塌方等危险。卫生设施缺乏，医疗设施不足，交通设施也十分简单。大部分建筑散落，没有整体的规划和设计。但总的来说，村里的公共建筑在扩建，以后应该可以满足基本需求。

第七节　绥德县郭家沟村民居

一、美术写生基地

郭家沟村位于绥德县城以东 17 km 处，隶属于绥德县满堂川乡，地处典型的黄土高原丘陵沟壑区。它毗邻 307 国道，交通便利。郭家沟村始建于元代以前，相传，郭氏先祖是从山西省洪洞县迁徙于此地。金秋时节的郭家沟村，阳光格外明媚，清新的空气中弥漫着泥土的清香。这是一个依山傍水、古朴自然的山村，一排排的老式窑洞散落在黄土高坡上，层叠错落，一条弯曲清澈的小河缓慢地绕村而过。

郭家沟村地处典型的黄土高原丘陵沟壑区，窑洞及院落数量众多，保存较为完整，

郭家沟村村貌与院落

在陕北地区实属少见。1998 年，郭家沟村村民郭鹊飞在村里成立了美术写生基地。基地自成立以来，接待了来自全国各地的美术院校师生，因为这里一年四季景色各异，不久便闻名全国。同时，郭家沟村也受到摄影爱好者和影视剧制作者的青睐，《平凡的世界》《保卫延安》等著名电视剧就曾在此取景拍摄。

二、层次错落的窑洞院落群

郭家沟村窑洞四合院门楼

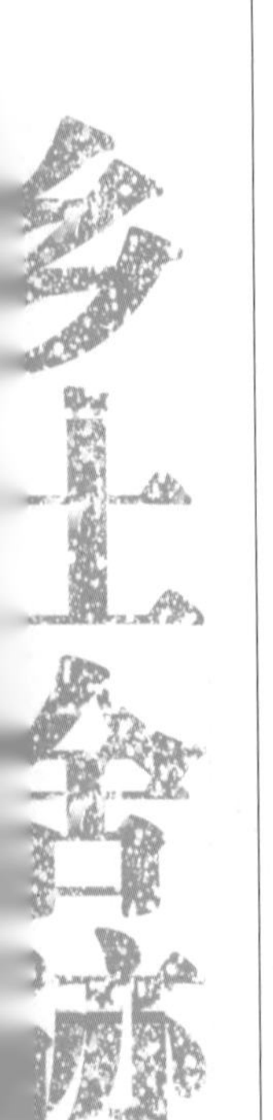

郭家沟村背靠平缓的梁峁坡湾，依山就势而建，在绿树的掩映下，沿地形分布的窑洞院落或成排连成线，或成团状嵌于山坡上，形成高低错落、层次分明的空间布局形态。一条南北方向、宽 3 m 的道路沿沟道延伸或沿山坡盘旋而上，在东西方向形成支路，连接各个院落。郭家沟村的人们修建宅院时非常注重选址，窑居多选在坡地向阳的位置，背面依靠平缓的梁峁湾，正面能满足采光需要。

郭家沟村古民居主要是靠山接口式窑洞，先用石头一层层砌筑，最后在顶部覆盖石板和土质层。每户人家占有一排窑洞，大多为 3~5 孔窑洞，中间窑洞为正窑，其余为厢窑。房屋均面向院落，围合成庭院，外墙大多用石头砌筑成院落围护。

郭家沟村以它特有的窑洞建筑群落和民间艺术形式，吸引着海内外众多游客来此参观、体验和学习。但村内基础设施薄弱，道路以土路为主，没有污水处理装备，生活污水直接倾倒在地面上，也缺少足够的公共厕所。建议郭家沟村增添基础设施建设，提高接待能力和质量，同时注意保护窑洞建筑的原真性，制订保护管理措施，及时修复破败窑洞，提高窑洞利用率。只有时刻保持人气，实现窑洞建筑的再利用，才能更好地保持村落窑洞建筑群落的完整性。

郭家沟村层次错落的窑洞群

郭家沟村窑洞院落

郭家沟村 6 孔窑洞

第八节　米脂姜氏庄园

姜氏庄园位于陕西省米脂县桥河岔乡刘家卯村，建筑依山就势而建，占地面积27000 m^2，是全国现存最大、最完整的城堡式窑洞民居，由井楼、炮台、下院、中院、上院、库房、碾磨院、葡萄院、鸡鸭棚、通道等构成。它整体采用“明五暗四六厢窑”，是陕北民居布局中最高等级的布局，上、中、下三院设有暗道相连，四周寨墙耸立，可防止外部侵略。其砖、木、石“三雕”艺术十分讲究，且遍布整座庄园，具有极高的历史文化和建筑科学价值。

1. 姜氏庄园格局

姜氏庄园主体坐东北朝西南，是比较显著的封闭式的城堡式窑洞院落，在山巅

姜氏庄园俯视图

上根据地形建成层层抬升的上、中、下三院。下院作为管家的居所，中院与上院以中院大门——月洞门——二门——垂花门——上院正窑中孔为中轴线，两边对称分布，符合中华民族的对称性审美。上、中、下三院相连，窑内套窑，门外套门，门内有门，并互有暗道相通，由上而下，浑然一体。对外严于防患，院内则互相通连。

2. 体现地域文化特色的建筑装饰艺术

姜氏庄园中砖、木、石“三雕”艺术十分讲究。整座庄园无处不雕，无处不琢，大至整体建筑设计，小到各个微小装置，都有数不尽的“雕刻”艺术。庄园利用当地黄土烧制而成的砖瓦和当地基岩做的石材，以青灰色为整体色调，采用陕北特色图案进行艺术雕刻，极具当地人文色彩。

姜氏庄园影壁式月亮门

(1) 石雕艺术

陕北米脂无定河沿岸，山石裸露，易于开采。由于石材坚固耐用的特性，在当地的窑洞建造中被广泛地应用。石材经过挑选、打磨、加工后可用于挑檐下部条石、台基，院内石磨、饮马槽、柱础，以及门前抱鼓石、石狮、影壁等装饰物。须弥座在抱鼓石之下，起稳固作用，采用浅浮雕的手法在束腰部分雕有“金猴立顶”，猴与“侯”谐音，有镇宅辟邪之用，同时也寓有加官晋爵之意。

(2) 木雕艺术

陕北地区因缺乏木材，所以木雕使用范围受到限制，木雕主要集中在门头的梁枋、雀替、斗拱和窑洞窗格上。在木材的选用上，主要以松木、榆木、柳木为主。庄园中有以“枪头梅花烙”图雕刻的木雕装饰窗棂，“阳刚之枪头”代表男性，“阴柔之梅花”代表女性，寓意男女婚配，多子多福。其他图案也富有特殊内涵，比如将“寿”字变形用作门框图案，或在木门的边框采用“双龙戏珠”图的木雕装饰用以象征人丁兴旺、儿孙满堂。

(3) 砖雕艺术

砖雕主要应用于屋脊、墀头、山墙、影壁等重点建筑部位，装饰纹样涉及动物、植物、人物。影壁是民居院落大门内外的重要装饰壁画，其细致的装饰和雕刻不仅可以映衬出院落门楼的气势，还可以彰显主人的志趣爱好。位于姜氏庄园上院门口两侧的影壁为水磨砖雕廊心画，一侧雕有“鹿奔松林”，另一侧为“鹤立兽石”，寓意着国泰民安、社会稳定；屋脊砖雕为莲花纹饰，寓意冰清高洁；建筑墀头上的砖雕有“喜报三元”“五蝠捧寿”等表达祈福纳祥之意的图案，还有蝴蝶与猫组成的“耄耋遐寿”吉祥纹样，以及寓意多子多福、生活幸福美满的“鼠食葡萄”图案。

3. 姜氏庄园中“天人合一”观念的体现

姜氏庄园背靠牛脊梁山湾，处于三面环山之中，山地起伏，形成“觅龙”之势。庄园脚下一条小溪蜿蜒穿过，构成“观水”之势，符合“负阴抱阳”的建筑风

姜氏庄园

姜氏庄园

水理念。在整体布局上，因地制宜，下院坐西北朝东南，中院和上院坐东北朝西南，这种布局使各院都拥有优良的空间位置和方位，不仅能获得充足的阳光，还含有聚集财富、人丁兴旺的冀望。在建筑理念上，传承了古人“天人合一”的观念，窑洞从立面上看是拱形，以圆心画弧而成，标志着“中规”的天；而从平面上看，又是方形，标志着“中矩”的大地。“中规”“中矩”“天圆”“地方”反映出了古人对天象、地象的认识，人位居天地之间，构成天、地、人“三才”的和谐共处。

第六章 保护发展

传承创新、再生利用

五千年的中华文明是在文化的传承与发展中走过来的，尽管发展过程中经历了各种社会形制，经历了分裂与合并、碰撞与交融，但历时数千年仍然绚烂夺目，历久弥新。陕西作为中华文明的重要传承地，具有独特的历史价值、艺术价值和文化价值，而且依然在不断的传承中发展、创新。陕西的古村落中，有的保留了秦汉至明清时期悠久灿烂的传统文化遗存；有的反映了抗日战争和解放战争，以及土地革命时期深厚的红色文化积淀；有的则是中华民族一些重要历史事件的发生地；还有些村落有着具有代表性的店铺、作坊和重要意义的文化遗存，甚至是一些国家级、省级的非物质文化遗存。这些都使得陕西的古村落呈现出丰富多彩的传统文化属性。建筑承载着文化，它是一种历史文脉的传承和延续。近些年来，陕西通过深化理念、改革政策、完善措施，在实践中振兴发展，在传统民居的挖掘和保护传承方面做了大量卓有成效的工作，从而使陕西传统文化在三秦大地中薪火相传，更具魅力。

第一节　陕西传统民居的保护

陕西传统民居自古以来以质朴、厚重的姿态呈现在世人面前，具有三秦大地独特的历史文化价值和艺术价值。陕西传统民居聚落的选址、布局、风格、形式等都独具匠心，对这些要素的保护，有利于凸显陕西传统民居的生命力，有利于传承我国优秀的历史文化，因此，保护陕西传统民居显得尤为重要。

一、存在的问题

时代在向前发展，城市的聚光灯不时在偏离传统文化，陕西的传统民居已然被有意无意地破坏，昔日的光彩已渐行渐远。倘若我们一意孤行，不及时加以修复和保护，遭到破坏的传统民居只会越来越多。当前亟待解决的问题有：

(一) 陕西传统民居室内外彩画、牌匾、碑文的保护和修复

陕西传统民居的室内外都有精美的彩画、牌匾和碑文。陕西传统民居的建筑彩画，遗留数量较少，因为彩画在自然环境下更容易老化、褪色，甚至严重脱落，古建筑彩画是民族文化遗产的重要部分，但由于长期缺乏相关的科学研究、相应的人才教育和培养模式以及科学的保护体系，古建筑彩画的传统技艺难以为继。有的美术类院校虽然有壁画专业，但是建筑彩画不被列入专业学科。自 1912 年以来，地方建筑彩画的工种已逐渐消失，从事相关彩画工作的人数陡然递减，导致彩画研究变得更加艰难。现在仍然健在的彩绘老匠

民居大院门楼

人年事已高，如何能将他们的手艺传承下来，是我们的当务之急。

牌匾既是中华民族独特的文化遗产，也是中华文化的重要载体。由于经济利益的驱使，陕西传统古建筑的牌匾时常有“不翼而飞”的现象。这类古物几经转手，大多流向了文物市场或被私人收藏。虽然在买卖过程中客观上对牌匾进行了保护，但是由于离开了原本的建筑物，其所蕴含的历史文化内涵和艺术价值便会大打折扣。

家训碑文

碑文在中国历史悠久，立碑的传统从中国古代一直传承至今。虽说科技在进步，但是碑文所传递出的传统文化在中国人心目中的地位从未被撼动过。石材上镌刻的文字和图案种类很多，包括碑帖、墓志、塔名、砚名、摩崖、画像、界石等。传统民居中的碑文大多暴露在空气中，经过风霜的洗礼、岁月的沉积，已然历经沧桑，饱含着斑斑印记，有的已经面目模糊、不易分辨，这对我们的传统文化记忆来说是个不小的遗憾。拓片极大地还原了碑文的镌刻内容和风貌，具有较高的历史、文化、技术价值，但由于对陕西传统民居的保护力度不够，有不少打着继承传统文化旗号的组织和个人对古碑文进行大量拓印，致使很多碑体被拓印时残留了大量颜料，造成不小的损害。当然，健全规范和政策是一方面，更重要的是正本清源，让人们正确和客观地看待拓片，不要让一时的利益损害了长远的文化传承。

（二）陕西传统民居的排水、照明、采暖、通风系统

陕西传统民居建筑中普遍采用较为古老的自然排水和打井用水的方式。这种质朴的设施，虽然工作效率低，但是保留了原有的传统民居风情。每年的5至6月及9至10月，是陕西多雨的时节，古代的能工巧匠们因地制宜，创造出与之相适应的建筑构造，使其能不断排走顶楼的积水。但是，传统民居大多以木结构和土坯墙为主，经年累月，许多部分已经被雨水浸泡损坏，有的房屋地基由黄土碎砖填筑，被雨水渗透后下沉，导致墙和柱都有所倾斜。在非雨季的时节，问题显现不出来，一旦碰上雨季，排水就成了问

题。有的民居院内甚至没有上下水的管道，只有一个共用的自来水龙头或者一口井，共用一定范围内的厕所，这些都使传统居民的生活极不便捷。

在原有陕西民居的照明中同样存在很多问题。建筑所有者自主改造的照明设计较多，很多管、线都暴露在室外，较为突出乍眼，尤其是灯具线路的管道外壳的颜色、材质都与原有建筑不协调，光源的冷暖搭配也无章法可言，影响了建筑的整体统一和美观性，同时，管线电路的防火、防雷电等安全问题也亟待加强。总之，没有专业的古建筑照明设计，陕西民居建筑的整体美感大打折扣。

陕西地势的总体特征是南北高、中部低。北部是陕北高原，中部是关中平原，南部是秦巴山地，地势由西向东倾斜较为明显。夏季气温高，冬季寒冷干燥，全年降水量比较少，多晴朗天气，全年气温变化较大。目前就大部分陕西传统民居建筑而言，通风不畅和保温不足是两个主要的问题。民居大多一侧开窗，虽说抵御了寒冷，但也会导致通风不畅。火炕和火炉是传统民居内主要的采暖设施，多为竖向添柴口，燃烧时受热不均，更不利于通风。火炉或灶台相接的一段是空心隔墙，采暖原理是利用燃烧产生的烟来加热墙体。这种传统的采暖办法加上不良的通风条件，长此以往会危害人们的身体健康。陕西的传统民居多是夯土墙，其本身具有较好的保温性能，但建筑构件连接部位的保温处理则做得不是很到位。

党家村民居四合院入口

近些年来，政府对城市的改造力度加大，传统民居的基础设施也得到了一定的改善，但需求仍得不到满足。尤其是民居建筑中上下水、采暖、通风、排污等方式落后，强弱电线杂乱等，这些问题都亟待解决。

（三）陕西传统民居的建筑主体和材质

由于受陕西自然地理因素的制约，加上木材轻巧便捷，石材结实经济，且二者皆可就地取材的特点，关中地区便形成了一种以木材、石材为主要建筑材料，以层层组织院落为构建方式的、完全露天的密集型院落结构形式。陕西关中地区合院民居的建筑主体多为木质结构，屋顶、门、窗、梁架、门簪、匾额等部位常用木雕装饰，木构架集结构、装饰于一体，淋漓尽致地体现了木结构特征。而部分木料截面的尺寸不齐，檐、梁、柱构件交接节点的榫卯处理不当，建筑内的纵向支撑与横向连接较为薄弱，以致结构的整体性差，加上木质结构建筑缺乏较好的防腐防潮处理，其耐久性能堪忧。木结构建筑本身就有较强的火灾隐患，而陕西地区传统聚落多为密集排列的民居，对消防疏散原本就考虑不足，若发生火灾，很容易蔓延至其他建筑。另外，地区用电的重视力度不够，加上如旱灾、雪灾、大风、大雨、冰雹等恶劣天气状况的发生，传统民居建筑容易出现局部或整体漏雨、开裂、坍塌等现象。总体来看，此类传统建筑的居住性能日渐降低。

宁强县青木川镇

二、探寻不为所知的原因

（一）传统民居被边缘化

由于陕西的传统民居大多归村子的居民所有，而这些居民为了提高收入，常常将院落转卖或分租给他人。新来的住户人员结构复杂，文化层次参差不齐，有的为了改善眼前的居住环境而进行拆补或重建，但在过程中一般不会考虑民居建筑的长远利益。这种杂乱无章的改造或修葺，使很多建筑或院落出现新旧混杂的情形，破坏了建筑整体精致纯朴的美感，损害了传统民居建筑的结构和风貌。传统的民居建筑不仅受到自然的侵蚀，还遭到人为的破坏，被边缘化的风险越来越大。在这样的现实条件下，如果保护措施跟不上，挽回损失的难度会越来越大，甚至将会彻底失去这些古朴的民居建筑，这将是非常遗憾的。为了避免出现这种遗憾，需要我们的政府出台相应的法律法规，用于保护这些传统民居建筑。

（二）传统民居的保护和修葺成本较高，需多方协助

陕西关中地区遗留下来的传统民居至少有百年历史，而大多是木结构。如果要保护和修葺，就要研究建筑原始的形制和工艺，以及用原有的施工方法去建造。而懂得传统形制和工艺的专业人士少之又少，再加上工艺流程的专业程度和复杂程度较高，所以对传统建筑保护和维修的费用也较高。一处普通的传统民居建筑的修葺完善，少则几十万，多则上百万，普通居民着实无力承担。如果想将陕西传统民居保留下来，必须要有足够的经费，这需要协调政府、村委会、专业人士、社会等一起承担义务并划分责任，这无形中就增加了保护传统民居的难度系数。

（三）传统民居产权的管理和保护难

一般情况下，传统民居的产权归当地居民所有，因此，进行统一管理和保护有相当大的难度。最近几年，陕西的文物保护部门已逐步重视对陕西传统民居和建筑的保护，对其全面的保护开发已有规划和部署，但开展工作时仍需克服许多现实困难。

三、刻不容缓的民居保护迫在眉睫

走过千年，历经沧桑，陕西成为中华民族的发祥地之一，是周、秦、汉、唐等十三个王朝的古都。悠久的历史底蕴和灿烂的传统文化融汇传承，使得陕西传统民居建筑成为一种较为独特且珍贵的历史文化资源。它不仅有较高的历史、文化价值，同时还蕴含了社会、经济价值。陕西传统民居是对陕西地区过去社会生活及文

化艺术的表达和呈现，是特定历史阶段的综合体现。它丰富了现代城市的建筑景观样式，在体现城市公众性的同时，更体现了城市的个性。陕西的传统民居建筑带有强烈且深刻的陕西关中文化烙印，是一种较独特的时代潮流，但如今随着大量的陕西传统民居建筑被毁坏、拆除，关中文化以及三秦大地的历史记忆正逐渐消逝。

（一）对陕西传统民居建筑保护的几点建议

1. 加强对陕西传统民居建筑“保护和传承”的意识

陕西传统民居建筑的保护和特色强化需要政府长期大量注资，且时间跨度较长，需要几年、十几年甚至几十年，所产生的收益与回报相对较慢且不明显。因此，与对传统民居建筑的改造和更新所带来的立竿见影的变化和快速收益相比，政府更倾向于政绩性改造。政府需要正确考虑陕西传统民居保护、保存以及改造这几个概念，再从较长的时间跨度来考量建筑保护和整体的收益。目前，加强宣传和普及对陕西传统民居建筑的保护和传承意识显得尤为重要，不管是相关政策的制定者还是居民，都应深刻意识到这其中的重要性。

2. 建立和健全传统民居建筑保护的相关法律法规

《城乡规划法》虽然具有一定的法律效力，但从具体的实践来看，《城乡规划法》对具体工作的指导不仅不够详细，有时执法力度也不够。所以，建立和健全陕西传统民居保护的相关法律法规显得迫在眉睫，相关的管理机构也需尽快成立。

3. 加大对陕西传统民居保护资金的投入

陕西传统民居建筑的保护是一件长期和持续的工程，不仅需要多方参与，还需要大量的资金支持。陕西的传统民居建筑属于历史文化遗存，没有再生性，虽说要顺应城市的现代化发展趋势，但是城市的现代化建设不应和历史文化遗存相互冲突，不应抛弃传统特色。我们需要把眼光放长远，为子孙后代保护好历史文化遗存，以便更好地凸显传统文化的魅力。我们需要有更多的资金投入，不论是通过政府拨款，还是民众集资，或是各方众筹，总之，需保证资金流的持续。只要全体民众拧成一股绳，我们的传统民居建筑将会绽放出耀眼的光彩。

（二）注重对陕西传统民居的环境保护

1. 对陕西传统民居自然环境的保护

风水学说的思想观念影响着陕西传统居民建筑的布局，其在民居建造的过程中多讲究“天人合一”，以及道法自然的哲学观念，多强调人与自然和谐共生，注重人们对自然环境的保护。由此，我们在传统民居建筑的开发和保护过程中，必须注重对土地资源、水资源、动物资源及植物资源的保护。强化民居周围的绿化和生态，为陕西传统民居建筑的自然环境提供更优质的保障。

2. 对陕西传统民居社会环境的保护

在社会环境保护方面，需要强化当地居民文化保护意识，注重对整体聚落环境的氛围营造，不应停留在对单体民居建筑的保护中，应注重民居的实物整体性，避免孤立个别，以体现陕西传统民居文化的深刻性和系统性为第一要务。

3. 对陕西传统民居生态环境的保护

在生态环境保护方面，需要多考虑传统民居独特的地理位置和气候条件，合理地保护及开发利用，避免出现各种各样的生态问题，比如过度砍伐导致的水土流失严重，过度放牧引发土壤表层的含水量逐渐降低。当地的居民逐渐增多，与此同时，外来游客亦逐渐增多，需注意伴随人流量增大而出现的垃圾堆放问题、植被破坏问题、气温紊乱问题等，这些都是陕西传统民居建筑所面临的生态环境问题，只有及时规划整治，才能促进陕西传统民居更好地生存和发展。当然，所说的生态环境保护需要当地居民、政府、外来游客以及相关专家等多方共同的努力，只有这样，陕西传统民居生态环境才会得到更好的规划和保护。

第二节　陕西传统民居的传承

作为我国优秀建筑文化的重要传承载体，陕西传统民居具有独特的历史价值、文化价值及审美价值。对陕西传统民居的传承，确切地说是对建筑风格、装饰文化、景观特征、工匠技艺等方面的传承，是组成陕西地方文化建设的重要内容，目的是突显出传统民居的生命力，让更多的人了解到陕西的传统文化，增强当地居民的凝聚力和自豪感，在更广阔的范围内形成对陕西文化的认同。完善陕西传统民居景观文化的传承策略，将极大地推动陕西传统文化的发展，并为其注入新的生机与活力，同时也有利于维护当地文化景观的整体风貌，最终形成强有力的陕西文化意象。

一、陕西传统民居的传承方向

（一）历史的印记

陕西的传统民居经历了岁月的变迁，凝结了陕西人民的劳动智慧，是历史的真实写照，也是沧海桑田的真实见证。过去的时代已然逝去，历史凝结下来的陕西传统民居，厚重而深沉，美好而长情。在陕西这片纯朴的大地上，镌刻着浩如烟海的中国历史，以及在此发源、孕育和成熟的农业文明，这是传统民居在环境空间的一种延伸，是古民居和古遗址的重要特征之一，描绘着那个时间轴中人们的生产和生活图景，连接着居民生活和时代意象。如此稀有而又富有历史价值的陕西传统民居应当被小心翼翼地保存下去，而实在无法继续保存的，也应当完善和保存其相关资料。

（二）精神的依托

陕西传统的民居文化作为一个地区、一个时代的印记，综合全面地反映在传统民居建筑上，就如同基因一样，传统民居的独特性被铭刻其中。陕西传统文化的建筑形式、构件、图案、色彩、材料、工艺、技术等作为传递文化基因的基本元素，逐渐反映出多元的文化观、价值观、生态观以及道德追求，展现着不同地域传统民居文化传承的历史脉络。传统民居中所体现的“天人合一”“遵从礼制”“宜居生态”等思想，对建设有地方特色的陕西民居具有深刻的指导意义。

传统的建筑文化有两层含义，分别为建筑形式和建筑性格。建筑形式是诉诸外的，可以随着时代和文化的变化而变化。而建筑性格是内化于心的，相对稳定，与一个地区所特有的文化、环境、价值观、集体意识紧密相连。因此，建筑性格相当于集体的内在心灵，是共同的集体意识，属于精神层面。所以，不仅要研究陕西民居的外在表现形式，还要看到它的灵魂。

（三）审美的诉求

中国古人的审美经验、审美情趣、人生淬炼，以及中华民族几千年的历史文化塑造了具有鲜明东方特色的审美形式。陕西传统民居是三秦文化的载体，用鲜明的形式阐释了中国传统的审美观和处世原则。不仅如此，陕西传统民居也同样注重形式，把内容与形式的和谐统一作为民居建造的最高目标。

在陕西传统民居中，表现形式既生动形象又富有变化，既和谐统一又自成一派。独特的匠心技艺体现在整体布局、立面色彩、构件设计、配件呼应、对比虚实、节奏韵律等诸多方面，这些独具匠心的设计使每个细节都体现出极具魅力的艺术审美。民间工匠们总能看到朴素中的高雅，把自然环境与点、线、面、体完美地结合，将经济性和美观

性巧妙地平衡，创造出极富艺术欣赏价值的佳作，给后世留下极具审美价值的宝贵财富。

二、陕西传统民居的传承实践

（一）民居旅游型——袁家村

在美丽的陕西省礼泉县，有一座平凡而又传奇的小村庄——袁家村。这个默默无闻了千年的村落，是20世纪靠集体经济辉煌过后又陷入发展瓶颈的“关中第一村”。从打响“关中印象体验地”的招牌，到如今国内外无数游客慕名而来，这里已成为关中乡村旅游度假胜地。停车场能容纳近千辆车，每逢周末或节假日，长长的车辆队伍一直从村口排到村外，“一眼望不到头”。仅仅十年光阴，袁家村便创造了中国乡村旅游的一个奇迹。袁家村虽无惊世之美，但它以一副生机勃勃的乡野面貌和一种接地气的姿态，完成了一次漂亮的逆袭。袁家村的闲适已成为人们渴望追求的一种生活方式。

刻有“袁家村”的牌匾

进入袁家村，最先扑面而来的是“关中风情”，那些废弃的石碾、木车轮和农耕用具都成为乡村景观的最佳装饰品，一栋栋有着上百年历史的明清老宅被改造成一间客栈、一座茶社或一个文化创意空间等。阳光洒在青石板铺就的老街，这边的师傅在埋头雕刻皮影，那边阿姨手里的梭子飞舞织着老粗布，还有那数不尽、吃不够的关中风味小吃。酒足饭饱后，悠闲地坐在老戏楼前，要一壶关中茯茶，听一曲秦腔古调……生活回归到它本来该有的样子。

1. 袁家村的兴盛——旅游活商的契机

袁家村位于陕西省礼泉县烟霞镇的东北部，始建于北宋，是依托宝宁寺而形成的自然聚落，当地有“先有宝宁寺，后有袁家村”的说法。明清时期，袁家村的作坊较发达，贸易兴旺，是方圆几十千米内货物的集散地和北山的重要出入口。

1970 年以前，袁家村是当地有名的“叫花子村”，1971 年，第 36 任队长郭裕禄上任以后，带领大家改造土地，将所有荒地变为良田，村落连续 10 年获得粮棉丰收。20 世纪 80 年代，村落以建材业为龙头，迈入工农商相结合的发展道路，成为陕西省经济发

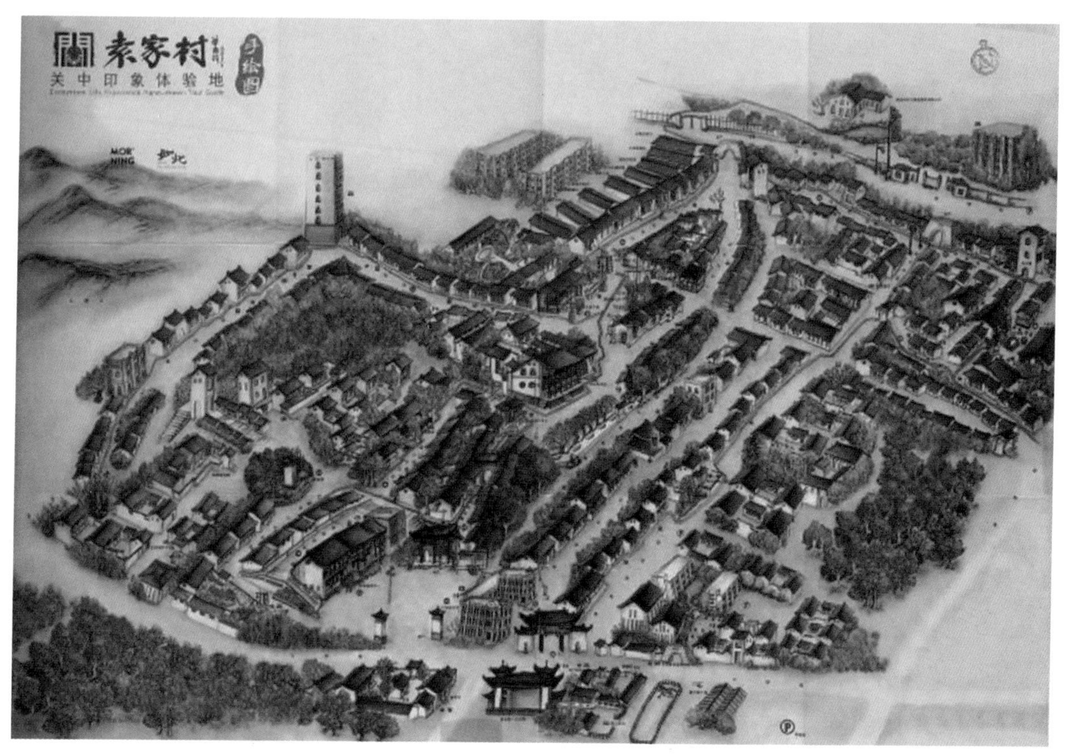

袁家村全貌

袁家村回民街

袁家村茶馆

袁家村全貌俯视图

展楷模，形成了一定的袁家村工业品牌效应。2000 年前后，此地就成为远近闻名的“小康村”。2007 年，礼泉县提出“旅游活商”的发展战略，袁家村大力发展民俗旅游等第三产业，建成了以关中民俗聚落生活文化为特色主题的关中印象体验地、村史博物馆，修复了唐代的宝宁寺，建成几十户农家乐，打响了“关中印象体验地”的招牌，吸引了国内外众多游客。从袁家村全貌中，我们可以看到其建筑大多以关中传统民居样式建造，且已形成了一定的规模，真正做到了用文化特色、传统风俗风貌等来吸引游客。

2. 关中印象体验村落

（1）分区明确的村落布局

袁家村地处渭北平原和关中平原交会处，地貌分南北台塬和北部丘壑两大类，地势西北高，东南低，因山就势，高低错落有致。村庄以关中体验印象区为核心，南北道路分隔，西侧由北向南依次是修复的宝宁寺、礼泉县剧团及戏台、停车场，以及已停产的水泥厂；东侧由北向南依次是关中四合院民居聚落、关中印象体验地、袁家村正街农家乐及停车场；再往东由北向南依次是规划的游乐园、关中老街三期、袁家村祖堂及关中民居文化园等。

（2）具有关中风情的民居

袁家村村落民居建筑集中分布在农家小吃街、康庄老街和关中四合院内。基本上采用异地重建的方式形成，即收购关中明清时期遗留下来的传统建筑材料和构件，将其建筑原材料和建筑构件异地复原修造，较好地展现了关中民居的风格，体现出精湛的技艺。

袁家村目前以旅游业为主要产业，其建筑按功能大致划分为底商上住型、关中四合院民居院落及商住结合型三种类型。底商上住型主要位于袁家村农家小吃街，村民在原宅基基础上统一建造了两层的住宅，底层商用，上层住人，门里门外多采用一些传统构件进行装饰。商住结合型主要集中在关中印象体验地，即康庄老街的两侧，具有典型的青砖灰瓦的关中民居风格。各家店铺沿街巷依次排开，各地蜂拥而至的商人既在这里经营店铺，也在此居住生活。

袁家村农家小吃街

袁家村门前拴马桩

袁家村建筑门面

康庄老街——体验关中民居风情

大多数游客对于袁家村的主要记忆就是康庄老街了，这也是关中印象体验地的招牌。走进康庄老街，出现在眼前的是两排青砖灰瓦的平房民居，有一条青石板铺就的小路，一条清澈的小溪流将这条老街灵动地串联起来。街道上斑驳的木门，随意摆放的马车、石磨、碾子等农具，仿佛又勾起了人们对乡土气息的怀念。在这里，你既可以体验关中织布机的神奇，也可以见证一幅幅漂亮年画的制作过程，享受创意文化小店的乐趣，每一家店都有自己的历史和故事，承载着人们对过去的记忆。午后，你可以走进咖啡厅，享受现代生活下午茶的时光，也可以到茶楼要一壶茶，听着曲子，摇着扇子，体验古老的消遣方式。传统与现代在康庄老街上相遇，没有冲突，反而更加相映成趣，给人耳目一新的感觉。

袁家村康庄老街

袁家村创意文化小店

袁家村康庄老街上的石狮

回民街——让人留恋的美食街

为了能让远道而来的游客品尝到西安回民街的特色美食，袁家村特地打造了一条复制版的回民小吃街。在这条长约 200 m 的回民街上，可以吃到正宗的老字号美食。

镜糕、油茶、炒凉粉等小吃也随处可见，总有一种美食可以打开你的味蕾。其中，清真的传统糕点是馈赠亲朋好友不错的选择。

青砖灰瓦的建筑还融入了清真建筑的一些特色，这样人们在品尝美食的同时，可以感受到回族清真文化的艺术魅力。

袁家村回民街入口

袁家村回民街街道一角

作坊街——传统美食与建筑技艺的再现

袁家村主打的是民俗风味和怀旧的味道，在袁家村的作坊街中，随处可见的驴拉石磨辣椒、油醋作坊、无添加剂的枣糕、老酸奶，一道道各具特色的农副产品成为袁家村的特色招牌。袁家村采用了“前店后厂”的生产销售模式，食品安全不是空谈的口号。且袁家村作坊街没有雷同的店，品种多样，各具特色。这些作坊小吃很适合作为手信礼物带回去送给亲人朋友。在这里，我们既可以吃到美味的传统小吃，也能领略到传统技艺的魅力。

袁家村充满关中风情的传统建筑和浓浓的生活气息，以及美味的小吃，成为其吸引游客的招牌。袁家村的建筑格局基本上是在十年动乱之后形成的，因此没有文物，主要采用传统建筑异地重建和一些新建的传统民居、商铺等组成全村建筑的形式。这种形式也为陕西乡村旅游业提供了发展新思路。由于袁家村的客流量较大，我们建议加强对古街和建筑原貌的保护，同时完善旅游设施，满足游客日益增长的物质文化需求。

（二）文化创意型——米脂窑洞古城

米脂县被冠以“文化县”的美誉。这是一座跨越千年的文化名城，以窑洞民居为建筑特色的历史标签使其闻名于世。窑洞建筑群遍及米脂县城乡，以窑洞“居住文化”声名远扬。米脂窑洞古城在宋代初年建立，后来又经历了元、明、清和民国时期的修缮扩建，时至今日仍然以窑洞民居为主，同时拥有石板、石条铺满街巷的古城景观，显得厚重而又古朴。米脂县拥有杨家沟革命旧址、盘龙山古建筑群、姜氏庄园三个全国重点文物保护单位。米脂窑洞古城是陕西省重点文物保护单位，窑洞古城一条街入围全国十大历史文化名街，米脂县获得“全国文物工作先进县”“中国优秀旅游名县”“中国最佳文化生态旅游名城”“全国爱国主义教育示范基地”等殊荣。陕北的米脂窑洞古城散发着古老的历史气息，孕育着厚重的黄土文化和红色文化。

米脂古城的墀头

1. “天人合一”观念的传承

在米脂民居建筑群中，富有智慧的米脂先民将中国传统文化中“天人合一”的理念融入其中，从窑洞民居的建筑形式中体现出人与人、人与自然、人与聚落之间的一种相生相存的关系。窑洞民居建筑组合和空间形态方面无不渗透出古人的智慧和中国传统哲学精神，窑洞民居布局依靠山形地势，大气恢宏，圆拱形的窑洞装饰也体现出较强的哲学审美。在门、照壁、墀头上巧用砖雕、石雕和木雕装饰，美丽的窗花和精巧的门窗组合让窑洞展现出不少灵气。这些装饰在单体的窑洞、窑洞庄园、窑洞四合院中都有所体现。

米脂市口巷5号仪门亭

比如常氏庄园，背靠脑畔山，被尖塄山和墕合峁左右护佑着，对着白家塔，构成一个围合封闭的山水体系，形成了远离人寰的世外桃源。常氏庄园的三座院落均为北窑为主窑，坐北朝南。它属于陕北典型的标准四合院格局。

陕西省米脂县的民居建筑令人惊叹，出土的汉画像石上记载了古代人们狩猎、宴饮、农耕与生活起居的各种场景。瓦当、兽吻、砖雕、石鼓、月亮门、窗棂花雕刻无不精美绝伦，展现了米脂匠人的精湛技艺和中华民族几千年的历史文化底蕴。古香古色的窑洞民居和行走于其间的人们宛若美丽的画卷。

2. 红色文化的传承

要说米脂古城的红色文化，就不得不提杨家沟。杨家沟坐落在米脂县以北的杨家沟镇，距离米脂县城23 km，属于黄土高原沟壑纵横区，海拔高度为1022~1100 m。杨家沟历史悠久，在春秋战国以前，就有先民在此居住。直到明万历末年，马氏祖辈由山西省的临县迁徙到了绥德的马家山，等到清乾隆年间，马氏家族又迁居杨家沟。清同治年间，马氏家族开始营建扶风寨。中共中央领导人毛泽东同志曾在此居住过，这里还是党中央离开陕北走向全国胜利的出发点，具有很高的历史价值。2012年12月，杨家沟入选中国第一批中国传统村落名录。

(1) 村寨结合的村落格局

杨家沟传统空间结构以扶风寨（坐落在龙凤山上）为中心，东西面有河水环绕，三山环护，山上是庄园窑洞，山下是一般的自然村落，营建出村、寨相结合的空间形式。村落空间结构以山体为依托，修建窑洞房屋，在扶风寨外围的空间里形成自然村落格局。杨家沟传统村落空间布局主要有两种形态，分别是以扶风寨为中心的组团状布局形态和沿交通要道或山体而建的带状布局形态。杨家沟传统民居多为独特的窑洞四合院式民居，依山就势开凿，用石料或砖头砌门，外附侧屋，形成庭院。村落建筑与群山融为一体，与山水交相呼应，整个村落坐北朝南，冬暖夏凉，呈现出一种人与自然和谐共处的情景。

杨家沟景观

扶风寨景观

（2）红色革命文化圣地

杨家沟是红色革命文化圣地，也是中国历史文化名村、旅游胜地，1947 年 11 月 22 日，毛泽东、周恩来、任弼时带领中共中央机关和人民解放军总部入驻杨家沟。杨家沟是党中央转战陕北的最后一站，在这里他们居住了四个月零两天。具有划时代意义的“十二月会议”就是在这里召开的，毛泽东在会上做的重要报告《目前形势和我们的任务》为最终取得全国性胜利奠定了坚实的理论基础。自此以后，中国革命从战略防御转向战略反攻，毛泽东向全党发出伟大的号召：“曙光就在前面，我们应当努力。”

中西合璧式建筑

2005 年，杨家沟被国家建设部、文物局定位为历史文化名村。同年，杨家沟在革命旧址上建成了“毛主席转战陕北纪念馆”，并对杨家沟的红色文化资源及价值较高的其他传统文化资源进行了深度挖掘。依托革命纪念馆开展红色旅游产业，既利于传承革命精神、传统文化，也利于杨家沟百姓尽快脱贫致富。

3. 建筑别具特色

在米脂古城，比较有特色的建筑多集中在杨家沟。

杨家沟的古民居为窑洞四合院式民居，每走进一户人家就像走进一个故事，让人忍不住想去探索和亲近。每座窑院承载了一家几代甚至几十代人的历史，时光荏苒，岁月流转，即使朝代更替，昔日光阴不在，也抵挡不住窑院建筑天然古朴的魅力。窑院民居一般依山势而建，多为一层，四周为庭院，用石料或砖砌门。清朝以后的窑院大门普遍居中设置，在门窗灵柩上大多都有绘画雕刻，庭院天井会种植花草树木，具有典型四合院古民居建筑的风格。

毛泽东旧居，建筑天然古朴

除了窑洞院落以外，杨家沟也有很多极富特色的建筑构件，如抱鼓石、砖雕、石雕、拴马桩、木雕、壁画等，有些建筑山墙上面的砖雕精美绝伦、形态各异，且蕴含有一定典故或寓意。

杨家沟还遗留下很多历史遗迹，包括古寨门遗址、寨墙、观星台、古炮台、古桥和石碑等。寨墙是扶风寨的防卫体系，南北寨墙都是石头砌筑的双套城墙，高大伟岸，严于防范。寨墙东南修筑的两座炮台称为南营，北边城上修建的门楼称为北营，炮楼炮台都是守寨人的居所。站在观星台上，既可观览村情、瞭望指挥，又可夜观星辰、预测运势。毛泽东就曾多次在这里观测风云变幻，思考中华民族的宏图前景。

杨家沟窑洞内部

杨家沟还遗存了一些文物建筑，像毛泽东、周恩来故居，“十二月会议”旧址和“毛主席转战陕北纪念馆”等。其中毛泽东、周恩来旧居位于扶风寨九龙口，俗称“新院”，由当年留学日本的建筑专家马醒民亲自设计监修。新院吸收了西欧和日本建筑的元素，应用于陕北窑洞上面，中西合璧，雄浑而又典雅。新院从构思、用料到工艺、保温乘凉等均为当时窑洞建筑之最，被称为世界窑洞建筑之典范。

三、陕西传统民居的传承策略

（一）发扬传承主体是基础

对陕西传统民居的保护和传承首先需要确立保护对象。传统民居的物质实体、风土民情、历史文化、聚落环境、档案资料、集体意识等都是保护主体的不同层面。所以针对陕西传统民居保护对象的不同，要实施不同的保护策略。

1. 对传统民居物质实体的保存

主要是指对传统的民居建筑，以及周围相配套的公共建筑，如戏台、寺院、祠堂、村民活动中心等的保护。应仔细了解现存传统民居建筑群的数量，并详细评估建筑的保存现状、价值、种类、功能等因素，结合当地的具体情况，保护和保留较为完整的传统民居建筑，避免对其进行人为破坏。

2. 对传统历史文化的保护传承

陕西传统民居在建造之初一般就地取材，并根据当地地理、气候、历史、文化、民俗等因素建造，这体现了“天人合一”的哲学观，以及当地的礼制、等级观、道德观、家族观、邻里观等。这些思想观念、意识形态虽然有的在现代已不适用，但其中蕴含的陕西传统历史文化，仍然值得我们在保护和传承时将其发扬光大。

3. 对景观环境的保护传承

陕西传统民居的聚落环境主要分为以下几个方面：一是指自然环境，比如地貌、气候、光照等地理因素；二是指民居景观的形态格局；三是指民居景观的生态环境。所以针对不同的环境因素，需采取相应的保护传承策略，比如：充分尊重原始传统民居的山水地貌，加强对自然生态环境观念的引导和宣传；保护和保存传统民居结构的稳定性和格局的完整性，并考虑居民的现代化生活需求，控制好新建建筑的数量和规模等。

（二）更新传承方式是关键

1. 建立传统民居档案记录

对传统民居的演化调查、建档工作，可以让我们从微观上了解和研究民居聚落的历史演变、现行发展状况，更能从全局上掌握传统民居聚落群的数量、格局分布。实物、图像、文字、视频等都是较好的档案来源，在走访、调研和登记的过程中不仅需要人力资源、物力资源，还需要相关的地质、历史、景观、民俗等学科人员的通力合作，所以需要充分发挥当地政府和文物保护部门的力量，同时也需要高校科研部门的配合，以逐步完善传统民居的保护体系。

2. 培养传承人队伍

在对传统民居进行保护和传承时，更应关注匠人技艺的传承，同时建立和完善工匠队伍。如米脂老窑洞的建造艺术已经成为非物质文化遗产，而修窑的工匠队伍却未得到重视。应调查统计民间有技艺的修窑工匠并把他们列入非物质文化遗产代表性传承人名录，建立和颁布对这类传承人的奖励办法。对口授相传的传统技艺要尽快完善并建立相应档案，设立传统技艺的传习所，培养传统民居技艺的传承人。

3. 提取基因，重塑形象

既然已经了解到了陕西传统民居的巨大潜力和价值，在传承方式上，也应与时俱进，将完备的特色直接加以利用。遇到不能直接应用的，可以将其原型进行提取，采纳有特色的技艺，将其修复、更新和再造，以使其成为内容更完整、特色更鲜明的传统民居意象。我们在传承时不仅要保留历史的连续性，还要从新时代的需求出发，让陕西的传统民居文化得到延伸和发展，并充满无尽的活力。

（三）建立完善的制度是保障

建立和健全法律保障体系可以使陕西传统民居的传承有法可依。我们呼吁国家相关部门根据传统民居建造技艺特征，制定专门的法律政策，让政策保护成为传统民居传承的坚实后盾。同时建议将保护和传承过程中所需的资金纳入当地政府的财政预算。国家还可与当地政府通力配合，建立保护基金，把传统民居中相关技艺作为生产技术，扩大产业链，用实在的收益反向促进传统民居传承目标的实现。

总之，要用长远的眼光和宽广的视野将陕西传统民居的保护和传承工作落到实处，着重思考优化传承策略，从传承主体、传承人、传承方式、传承制度等方面进行细化，最终目的是为陕西传统民居的保护和传承提供支撑，通过不断优化使传统民居的传承适应发展，这也是从另一个角度保护陕西的历史文明，将蕴含着三秦人民乡土记忆的民居文化传给后代。保护陕西传统民居不仅是传承陕西传统文化，更是延续中华文化的血脉。

第三节　优秀民居案例介绍

1. 关中民俗艺术博物院

关中民俗艺术博物院位于秦岭终南山世界地质公园中心地带和隋唐佛教圣地南五台山脚下。

关中民俗艺术博物院的入口正门是著名的赵家门楼，赵家门楼原是建于清朝光绪年间的建筑，位于陕西省白水县，整体建筑外观结构呈“品”字形，分为上下两层，东西长 15 m，南北宽 5 m，高 13 m，气势雄浑而灵动，整座建筑极富装饰性。门洞中开，两边附带侧门，中间为巨幅石门。两边有石刻对联，上方镶有石匾，使原本雄伟壮观的门楼显得更加庄重典雅。同时门楼正面饰有大量精美的石雕和砖雕图案，图案的内容多以象征吉祥的花草纹饰为主，还有适合当时审美思想的人物云纹等图案。无论从建筑的规模，还是建筑的装饰、构件来看，赵家门楼都足以彰显当时门楼主人显赫的社会地位。门楼是古代象征地位和荣誉的一种特色建筑，陕西各地对于门楼均有不同数量的发掘，但是如此精美、规模庞大且能保留至今的实属少见。

关中民俗艺术博物馆一角

从周代开始，关中的民居就以“合院”为原型。合院的建筑形制特色体现了当时民俗文化融合共生的美好愿望，同时也体现出关中文化“天人合一”的哲学观念。

2. “父亲的宅”及“井宇”

“父亲的宅”位于陕西西安东南方向的蓝田县玉山镇，总建筑面积385 m^2，是由著名建筑师马清远设计的作品。

“井宇”规划方案设计稿

“父亲的宅”坐落于河与山之间一个有着多重含义的地理位置，山间出产粗糙的石头，于是，将石头在质地和建造方法之间作用最大化是设计的首要原则。简化和统一建材的方法会使非本地的建材使用最小化。因此，外来的材料只能作为极少、极具差异性的元素，而当地材料（石头和木料）才应当发挥出最大的价值。工人们就地取材砌了多少年的平淡砖墙，却仅仅因为改变了一种砖的尺寸，而忽然呈现出一种轻快的间色。

“井宇”建筑透视及立面

“父亲的宅”建筑与室内

“井宇”的建造虽然采用传统的人力和素材，但其实在建造方式上完全违背了传统。它在建造过程中对砖叠加的方向和烧砖模具进行了改革，挑战了原来的制作工艺。建筑师称，违背、反叛的能量来自他感觉到当代城市发展中的建筑问题是历史建造中人们仅仅用手去“试”。突破与兴趣共存，这样的突破才具有非常准确的目的性和强大的突破力。

各种圆形石头的质地不一样，浸过水后颜色也就不同。“父亲的宅”在每场雨过后，墙上的石头都是五颜六色的。秋天的黄昏，山川万物慢慢融入地平线中，安静、明亮、温暖……

3. 澄城县尧头窑

尧头镇因烧制瓷窑而得名，古称“窑头镇”，现在在尧头镇依然能见到连片的窑炉，它是目前国内乃至世界上遗存最丰富、规模最大的古瓷窑遗址之一。在老窑

尧头窑遗址

址中可以清晰地看到刻有“道光年”和“咸丰元年”年号的窑砖，印证了尧头窑悠久的历史文化价值。

尧头窑遗址是我国传统制瓷历史文化重要的组成部分，是我国北方黄河流域著名的窑口之一，丰富了陕西地区的窑口分布。它是北方民间瓷窑的典型代表，对研究我国北方古瓷窑有着重要的历史、艺术价值作用。同时，尧头窑展现了从唐朝到现代制瓷历史的变迁过程，是制瓷历史的实物例证，堪称烧瓷技艺的“活化石”。另外，尧头窑对研

尧头窑细节图

究我国北方青瓷发展具有重要的意义。尧头窑的选址科学合理，具有借鉴价值。在艺术方面，尧头窑瓷器有着与众不同的古朴风格和丰富的装饰艺术；在社会影响方面，尧头窑对当地居民生活有着重要的实用价值，对传承传统文化有着重要的教育意义。

尧头镇地区的石头主要以灰色、白色和青色的花岗岩为主。而屋顶填充所用的黏土为尧头镇当地特有的灰色和褐色黏土，具有较强的附着力和黏性。耐火砖大小各不相同，但都具有较强的刚度，抗压能力比较高，另外，因为其粗糙的质感展现出较好的艺术表现力。

4. 绥德石魂广场

石魂广场景观是著名景观设计师吴昊的设计作品。其设计以龙湾的自然生态文化背景为基础，且充分利用其地形地貌，以绥德最具代表性的石刻形象——石狮为切入点，以“天佑善者”的理念为指导思想，形成了具有浓厚乡土文化氛围的自然乡土景观。

石魂广场中的“石”意指在整个广场景观设计中所用的材料以石材为主，展现

石魂广场不同景点透视

石雕石刻的精湛工艺；“魂”意指整个广场景观的意境，以及“石”与“狮”所延伸的审美意蕴和文化内涵，通过设计的内容、空间形式和色彩得以充分体现。

整个广场的景观设计以“石全狮美”为主题。“石全”主要体现在石雕的内容丰富、种类齐全、形式多样，“狮美”主要体现在雕刻的石狮造型美、神态美、工艺美及材料美。石魂广场设计的灵感来源于绥德的乡土人文与当地人的民俗传统。当地人充分发挥聪明才智，积极参与了广场的建造过程并给予一定的指导意见。整个广场通过将当地的乡土文化元素和石雕石刻艺术充分结合，以各式各样的景观形式呈现出来，形成一个石雕石刻艺术的“自然生态石雕博物院”和汇集地方历史文化特色的“石狮博物馆”，此乃世界唯一的石狮博物馆。来到这里的人们不仅能感受到绥德地区精湛的雕刻艺术，同时还可以体验当地的民俗风情。

陕北特色的石雕石刻把寄托祥瑞的寓意贯穿其中，为石魂广场注入了无限的生机，传递出吉祥如意的福音，更加突出了人们祈福与庇佑的精神需求。

黄土风情园入口广场把“石之魂”与景观设计融合到了极致，故得名“石魂广场”。

石魂广场震撼视觉的天然浮雕崖壁

石魂广场石门楼

5. 秦岭老屋

宋、元、明、清时期，秦岭南坡匪患严重，深山老林成为匪徒杀人越货、藏身匿迹的首选之地。朝廷为了围剿土匪，保靖安民，在龙潭沟口设立了军事机构孝义厅，专司缉匪捕盗，维护秦岭主脊两侧的安宁。某年的夏秋之交，南上北下的官府移民与躲避战乱、灾荒、瘟疫的自流民皆会集于此，塞满了山沟野凹，一时人满为患。为了安抚移民与难民，孝义厅署衙只好在其驻地营盘西北方向的西沟峡开辟移民安置点，按户籍人口划拨建房用地。

于是，一个南北交融、东西荟萃的小山村逐渐形成。后来，退役的营盘兵勇、秦岭猎户、药农也加入其中，并把早期的房子称之为“老屋”。他们互通有无，和睦相处，安居乐业，繁衍生息。在日积月累、循环往复中，秦岭老屋在此自然而然地逐渐形成。

秦岭老屋因地制宜，就地取材，风格交融，具有鲜明的地域性、兼容性、实用性、原真性等特征。远望秦岭老屋，层叠而上的屋脊与鳞次栉比的民居式建筑勾勒出山地小镇的独特风貌。每一座老屋都是一道美丽的风景，一个南北交融的地理标志，一条镶嵌在地球上的项链，一方宁静的净土山居，一处绝佳的休憩之所。它们既是石头建筑，又是石头艺术、石头文化、石头智慧。

如果说土楼是客家人开疆拓土的符号，那么老屋就是秦岭人敬天法祖的珍藏；如果说土楼占结构的玄机秘诀，那么，老屋则占朴雅品相的鳌头。

客家土楼

鳞次栉比的民居式建筑

秦岭老屋一角

秦岭老屋周围砖塑装饰艺术

参考文献

[1] 陕西省城乡规划设计研究院. 陕西古村落(一、二)——记忆与乡愁[M]. 北京:中国建筑工业出版社,2015.

[2] 梁思成著,林洙编. 中国建筑艺术[M]. 北京:北京出版社,2016.

[3] 吴昊,周靓主编. 陕西关中民居门楼形态及居住环境研究[M]. 西安:三秦出版社,2014.

[4] 西北旅游文化研究院编著. 漫步袁家村[M]. 西安:陕西旅游出版社,2016.

[5] 叶广芩. 青木川[M]. 西安:太白文艺出版社,2007.

[6] 王振复. 中华意匠——中国建筑基本门类[M]. 上海:复旦大学出版社,2001.

[7] 李文英. 民居瑰宝——党家村[M]. 西安:陕西人民教育出版社,2002.

[8] 吴昊. 陕北窑洞民居[M]. 北京:中国建筑工业出版社,2008.

[9] 麻佳琳,贾梅. 浅谈陕北窑洞在新农村建设中的发展[J]. 成功(教育),2012(12).

[10] 张杰. 探析关中传统民居艺术特征[J]. 现代装饰理论,2017(03).

[11] 杨帆. 从党家村看关中民居[J]. 福建建筑,2012(12).

[12] 侯继尧,李树涛等. 陕南民居[J]. 西安建筑科技大学学报(自然科学版),2015(02).

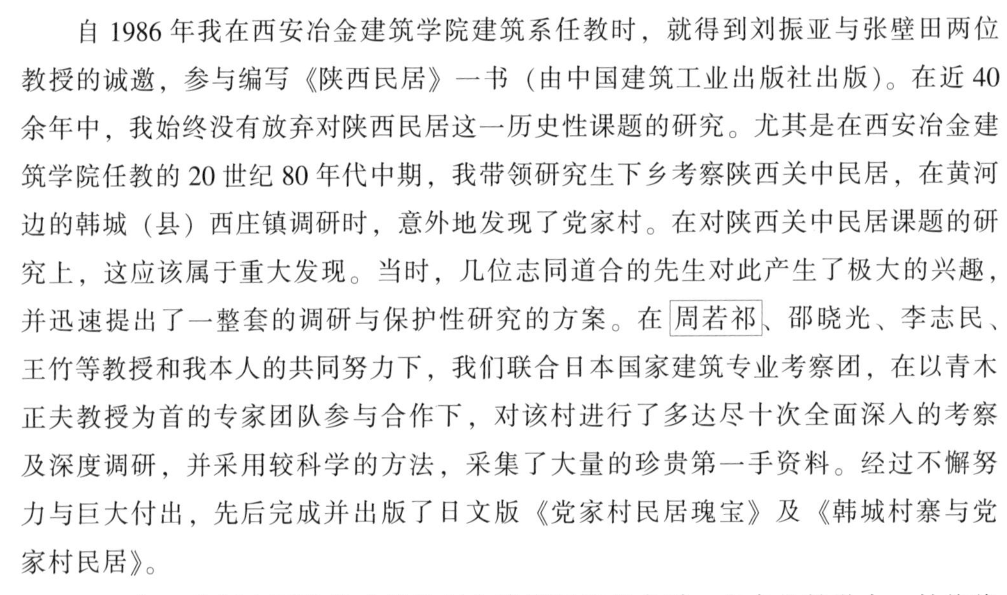

后　记

自 1986 年我在西安冶金建筑学院建筑系任教时，就得到刘振亚与张壁田两位教授的诚邀，参与编写《陕西民居》一书（由中国建筑工业出版社出版）。在近 40 余年中，我始终没有放弃对陕西民居这一历史性课题的研究。尤其是在西安冶金建筑学院任教的 20 世纪 80 年代中期，我带领研究生下乡考察陕西关中民居，在黄河边的韩城（县）西庄镇调研时，意外地发现了党家村。在对陕西关中民居课题的研究上，这应该属于重大发现。当时，几位志同道合的先生对此产生了极大的兴趣，并迅速提出了一整套的调研与保护性研究的方案。在周若祁、邵晓光、李志民、王竹等教授和我本人的共同努力下，我们联合日本国家建筑专业考察团，在以青木正夫教授为首的专家团队参与合作下，对该村进行了多达尽十次全面深入的考察及深度调研，并采用较科学的方法，采集了大量的珍贵第一手资料。经过不懈努力与巨大付出，先后完成并出版了日文版《党家村民居瑰宝》及《韩城村寨与党家村民居》。

2001 年，我调入西安美术学院创办建筑环境艺术系，在专业教学中，始终将陕西民居的深入研究作为本系特色教学与可持续专业设计教育的立足点，反复不断地深入探索、持续研究关中、陕北、陕南传统民居，同时更加注重对陕西生土建筑的保护研究，并将这一课题列为本科及研究生课题研究的方向之一。20 年来，在西安美术学院建筑环境艺术系已培养出近百名专项研究陕西民居保护的博士及硕士研究生。

国际著名建筑大师文·丘里夫妇，曾在 2007 年专程来我院专访并提词鼓励课题组的重大贡献，充分赞扬和肯定这是为人类所做的有意义的研究。著名建筑及环境艺术专家教授、博士生导师张绮曼、顾森、吴家骅等先生非常支持这项课题，并反复多次带领博士生专程前来我院走访与指导。

陕西传统民居在近二三十年中遭到很大的破坏。在城市大开发的当下，中国传统民居均受到严重的摧残，当务之急应呼吁抢救性地保护现存为数不多的典型村落与传统四合院民居，考察、调研、整理其优秀案例，也祈盼尚存的传统聚落与四合院有朝一日能真正得到保护与修复。

这次有幸应宝鸡文理学院美术学院院长王宝强教授诚邀，参与编写《丝绸之路起点上的非遗文化》丛书之《乡土舍迹——陕西民居》分册，实乃幸事。这又一次给了我认真梳理陕西民居、学习传统民居以及深度感受陕西传统民居的机遇。在接到本书的编写任务后，我根据丛书的整体要求和架构，厘清本书的创作思路，设计出框架结构，列出写作提纲，组织编写人员进行资料收集和编写工作，最后完成书稿统稿工作。陈沙沙负责编写第一、二章的内容，以及第五章部分内容，降波负责编写第三、四章的内容，曹培负责第六章第一、二节，我本人与毛晨悦、张晨编写第五章其他内容及第六章第三节。在编写过程中，本人利用课余时间曾不断带领我的博士及硕士研究生深入陕西关中、陕北及陕南各地区，深入田野考察，认真调研不同时期、不同地区、不同风格和不同建筑形制的传统民居，获取大量的珍贵图片与资料信息，为这本书提供了百分之七十以上的详实照片。其中部分院落及门楼已经被拆除，而这部分实例的拍摄又具有一定的抢救性作用。正因如此，方使这本不算完美的分册与广大读者见面。

本书就要付印出版，在此需要特别感谢陕西人民教育出版社及时策划这样具有特殊历史意义的选题；感谢宝鸡文理学院美术学院院长王宝强教授积极组织专家、学者投入到这项课题中，为陕西非遗的传承研究做出了应有的贡献；感谢参与编写本册书的宝鸡文理学院陈沙沙、降波等几位教师；感谢我夫人张莉教授为本书编写提出的许多建议；也感谢为本书认真整理文字与图片、协调各项编撰工作的硕士研究生张晨同学。没有大家的共同努力与付出，这本书很难成型面世。

限于学养与水平，加之时间仓促及信息量超大，虽经大家千淘万漉的努力，书中难免存在纰漏和不当之处，也期待同仁斧正批评。凡此种种，尚祈鉴谅。

吴　昊
2020 年 10 月 2 日于西安美术学院听雨轩